普通高等学校"双一流"建设建筑大类专业系列教材

建筑 规划 景观设计理论与方法丛书

主编 于靖华 王飞飞

副主编 罗勇强 刚文杰 邓杰文 徐新华 沈国民

住宅建筑新风系统

华中科技大学出版社
http://press.hust.edu.cn
中国·武汉

内 容 提 要

　　本书的主要内容包括室内新风与卫生健康、被动式建筑与自然通风设计、新风量计算与分析、新风热湿处理原理与技术、空气净化原理与技术、空气能量回收原理与技术、新风系统设计、新风系统与设备及新风系统的施工与调试。本书的主要特点是从建筑设计与设备系统建立完整的住宅建筑新风系统课程内容，从基础理论和工程设计两个角度，全面系统地阐述住宅建筑新风系统及污染物控制，注重对新风系统设计方法的介绍，通过案例分析，提高学生运用知识和工具解决实际问题的能力。本书适用于建筑环境与能源应用工程专业教材。

图书在版编目（CIP）数据

　　住宅建筑新风系统 / 于靖华，王飞飞主编． -- 武汉：华中科技大学出版社，2024.12 -- ISBN 978-7
-5772-1417-7

　　Ⅰ．TU834.8

　　中国国家版本馆 CIP 数据核字第 2024K4J258 号

住宅建筑新风系统　　　　　　　　　　　　　　　　　　　　　　　　于靖华　王飞飞　主编
Zhuzhai Jianzhu Xinfeng Xitong

策划编辑：胡天金
责任编辑：白　慧
封面设计：清格印象
责任监印：朱　玢
出版发行：华中科技大学出版社（中国·武汉）　　　　电　　话：（027）81321913
　　　　　武汉市东湖新技术开发区华工科技园　　　　邮　　编：430223
录　　排：华中科技大学惠友文印中心
印　　刷：武汉科源印刷设计有限公司
开　　本：889mm×1194mm　1/16
印　　张：13
字　　数：428 千字
版　　次：2024 年 12 月第 1 版第 1 次印刷
定　　价：49.80 元

前　言

近年来，随着经济的快速发展和生活水平的显著提高，人们对空气品质越来越关注。受室外环境和室内装修材料等诸多因素的影响，室内环境并不乐观。室内空气品质控制一直以来都是建筑环境与能源应用工程专业最为重要的研究方向，营造健康舒适的室内环境是该专业从业人员的职责。通风不足是目前我国住宅建筑普遍存在的问题，为营造健康舒适的室内空气环境，适用于住宅建筑的机械通风系统——住宅建筑新风系统逐渐引起人们的重视。传统的通风系统已很难涵盖这部分内容，编写本书即为满足建筑室内空气品质营造方面课程教学的需求。

本书是编者根据学生的知识结构和专业技能需求编写而成的，共十部分内容：绪论、室内新风与卫生健康、被动式建筑与自然通风设计、新风量计算与分析、新风热湿处理原理与技术、空气净化原理与技术、空气能量回收原理与技术、新风系统设计、新风系统与设备、新风系统的施工与调试。本书系统全面地讲述了新风系统的基础理论、系统设计与施工，既强调基本原理、技术和设计方法知识体系的完备，又注重与施工、调试等实践知识的联系，还考虑与产品、设备相关行业的相互配合。

本书的特点为：结合建筑环境与能源应用工程专业特点，从建筑设计、设备系统出发，建立完整的住宅建筑新风系统课程体系；从基础理论和工程设计两个角度，全面系统地阐述住宅建筑新风系统及污染物控制；注重对新风系统设计过程和设计方法的系统把握，通过案例分析，提高学生运用知识和工具解决实际问题的能力。本书可作为建筑环境与能源应用工程专业的教材，也可为相关技术人员提供技术支持。

本书第 1 章、第 5 章由于靖华编写，第 2 章、第 3 章由罗勇强编写，第 4 章由刚文杰编写，第 6 章、第 7 章、第 8 章由王飞飞编写，第 9 章由徐新华和刚文杰编写，第 10 章由徐新华和沈国民编写，附录由徐新华编写。全书由于靖华和徐新华统稿，华中科技大学王劲柏教授担任主审。

在本书的编写过程中参阅了国内外学者的文献资料，在此向相关作者表示真诚的敬意和由衷的感谢。由于编者水平有限，且本书涉及的学科内容广泛，错误在所难免，恳请读者给予批评指正。

编　者

2024 年 10 月

目录

1 绪论 /001

1.1 概述 /002

1.2 新风及新风系统的定义 /002

1.3 新风系统的作用 /003

1.4 新风系统的发展 /003

1.5 室内空气环境的评价与新风系统的监测 /005

2 室内新风与卫生健康 /009

2.1 人体新陈代谢需求 /010

2.2 居民室内停留时间 /010

2.3 室内污染物对人体健康的轻度影响 /012

2.4 室内污染物对人体健康的重度影响 /015

2.5 室内新风标准 /021

2.6 小结 /026

3 被动式建筑与自然通风设计 /031

3.1 建筑能耗概述 /032

3.2 被动式建筑技术发展概述 /035

3.3 被动式建筑自然通风技术发展概述 /037

3.4 自然通风基本原理 /038

3.5 被动式强化自然通风设计 /039

3.6 建筑自然通风发展趋势 /046

3.7 小结 /047

4 新风量计算与分析 /049

4.1 根据《住宅新风系统技术标准》设计新风量 /050

4.2 根据 ANSI/ASHRAE 62.2-2016 设计新风量 /051

4.3 性能设计法 /053

4.4　污染物散发量计算 /054

4.5　典型住宅建筑场景计算示例 /058

4.6　小结 /064

5

新风热湿处理原理与技术 /065

5.1　热湿处理基本原理与途径 /066

5.2　空气与水直接接触时的热湿交换 /067

5.3　表面式换热器空气热湿处理 /070

5.4　其他加热加湿方法 /077

5.5　空气的除湿方法 /082

5.6　小结 /086

6

空气净化原理与技术 /089

6.1　悬浮颗粒物净化技术 /090

6.2　气态污染物净化技术 /094

6.3　微生物污染物净化技术 /098

6.4　小结 /100

7

空气能量回收原理与技术 /101

7.1　排风热回收概述 /102

7.2　全热回收与显热回收 /102

7.3　转轮式换热器 /103

7.4　板翅式换热器 /104

7.5　热管式热交换器 /105

7.6　中间冷媒式热回收装置 /105

7.7　热泵式热回收装置 /106

7.8　小结 /107

8 新风系统设计 /109

8.1 概述 /110

8.2 新风系统类型 /110

8.3 住宅新风系统设计流程 /111

8.4 新风热湿处理计算 /111

8.5 气流组织介绍及设计 /115

8.6 新风系统管道形式 /123

8.7 新风口的设置 /125

8.8 新风系统管道阻力计算 /126

8.9 BIM 应用 /127

8.10 CFD 数值模拟技术应用 /128

8.11 小结 /135

9 新风系统与设备 /137

9.1 新风系统分类 /138

9.2 新风设备 /140

9.3 智能新风系统 /143

9.4 小结 /143

10 新风系统的施工与调试 /145

10.1 一般规定 /146

10.2 施工细则 /147

10.3 系统调试与试运转 /152

10.4 竣工验收 /160

附录 A 产品列表 /163

1

绪论

1.1 概述

住宅建筑的室内空气环境对人们的身体健康有着重要的影响。由于空气污染、室内装修材料及设备的污染、人员活动等原因，住宅建筑的室内空气质量并不乐观。为营造健康舒适的室内空气环境，适用于住宅建筑的机械通风系统——住宅建筑新风系统逐渐引起人们的重视。

近年来，科学技术得到了前所未有的发展，人民生活水平稳步提高，室内空气品质也愈加受到重视，但受诸多因素的影响，室内环境在逐步恶化。一方面，由于工业的迅速发展，工业废气、汽车尾气、燃煤排气、垃圾焚烧排放的烟气等造成了严重的空气污染，世界各地雾霾天气频发，室内空气品质由于室内外的空气交换而受到严重影响；另一方面，人们过度追求建筑美观为室内环境带来了隐患，比如装修时大量使用复合板等合成材料及墙面漆等含有挥发性有害物的产品。目前市面上的大部分装饰材料都不同程度地散发甲醛、苯及其同系物、TVOC(total volatile organic compounds)、氯仿等有毒气体，具有一定的致癌性，各种有害气体连续缓慢地扩散到空气中，使得室内空气品质恶化[1]。另外，提供"舒适"环境的空调设备和系统本身也成为建筑室内的污染源之一。传统使用的纤维过滤器、产生凝水的表冷器、接水盘和加湿器及传动皮带等也是产生气味、挥发性有机物、霉菌和灰尘的源头之一[1]。

相关研究表明，世界上30%的新建和重修建筑物中存在有害于人体健康的室内空气污染物[2]。美国等发达国家的统计结果显示，每年因恶劣的室内环境品质导致的经济损失非常大。室内空气中的VOC浓度过高往往会引发以下三种病症：病态建筑综合征(sick building syndrome)、与建筑有关的疾病(building related illness)、多种化学污染物过敏症(multiple chemical sensitivity)。美国环保署历时五年的专题调查研究显示：许多民用和商用建筑内的空气污染程度是室外空气污染的数倍至数十倍，有的甚至超过100倍[3]。世界卫生组织的调查研究表明[4]：全球每年有300万人死于室内空气污染引起的疾病，30%～40%的哮喘病、20%～30%的其他呼吸道疾病源于室内空气污染。室内环境尤其是居室环境中的污染暴露被认为在儿童哮喘、过敏的发生和加重过程中作用显著[5]。我国的室内空气污染状况同样非常严重：截至2014年，中国每年室内空气污染引起的超额死亡数已经达到11.1万人，超额急症数达430万人，直接和间接经济损失达107亿美元[6]。

新鲜清洁的空气是人们身体健康和良好生活品质的基础，而通风换气是改善室内空气品质的有效方法。通风不足是目前我国住宅建筑普遍存在的问题，通常情况下，噪声的影响或者室外天气恶劣等导致人们无法正常开窗，或者户型本身的缺陷使得室内对流通风能力不足。我国部分空调采暖房间仅依靠自然渗透进行通风以达到卫生要求，在建筑节能要求的控制下，门窗等围护结构的缝隙变得足够小，使得建筑整体密闭性大大提高，传统的自然渗透方法已经无法满足规定的最小换气次数要求[7]。

住宅建筑配备相应机械通风系统以满足室内人员对新鲜空气的需求，是有效控制室内污染和保障人们身体健康的重要途径。

1.2 新风及新风系统的定义

《住宅新风系统技术标准》（JGJ/T 440—2018）中定义[8]：新风为引入室内的室外空气。从字面上理解，新风是指新鲜空气，即不含有害物或者有害物浓度很低的"新鲜空气"。新风来源为室外空气，经相应处理，满足人员健康及舒适性要求后被送入室内。

《住宅新风系统技术标准》（JGJ/T 440—2018）中定义[8]：新风系统是由风机、净化等处理设备、风管及其部件组成，将新风送入室内，并将室内空气排至室外的通风系统。

《供暖通风与空气调节术语标准》（GB/T 50155—2015）中定义[9]：新风系统是为满足卫生要求、弥补排风或维持空调房间正压而向空调房间供应经集中处理的室外空气的系统。

相关研究也对新风系统进行了较为详细的解释：新风系统是由新风主机、新风管道、送回风口、控制系统等组成的一套独立空气处理系统。民用建筑新风系统的主机大都吊装在吊顶内（一般均选择安装在厨房或卫生间原有吊顶内），通过管道与室外及室内各房间的进、排风口相连，通过控制面板启动主机后，室外新鲜空气便经进风口进入空气处理装置再进入室内，在室内形成"新风流动场"，空气处理装置过滤掉室外污染物如汽车尾气、$PM_{2.5}$ 等的同时给室内人员提供高品质的新鲜空气，满足室内人员的新风换气需要。与此同时，室内污染空气经排风口排出室外[10]。

不同规范及文献中对新风系统的定义不尽相同，但是所描述的关键内容是一致的，即新风系统通过相应设备对室外空气进行处理并将其输送至室内以维持室内清洁健康的环境。

1.3　新风系统的作用

国家标准《供暖通风与空气调节术语标准》在定义新风系统的同时也指出了它的三个基本功能：

（1）满足室内卫生要求。引入新鲜的并经过处理的室外空气，同时排出已被污染的空气。

（2）弥补排风。当室内存在排风时，一定会同时发生进风。如果没有新风系统，通过门窗或建筑开口的无组织自然进风就会干扰室内环境，无法满足室内卫生标准。

（3）维持空调房间正压。当房间需要相对邻室或室外维持一定正压时，通过建筑缝隙自然渗透到室外的风量是依靠新风系统提供的。

普通住宅的新风系统主要满足第一个需求：使室内空气环境符合空气质量标准。事实上住宅也存在排风，例如卫生间排风和厨房排油烟机排风等。从这一点考虑，新风系统的风量计算还应考虑排风需求。另外，维持住宅室内对室外一定的微正压是有利于保持室内环境免受室外干扰的。对于要求较高的住宅建筑，要从以上三方面综合考虑新风系统的设计和安装[11]。

1.4　新风系统的发展

1.4.1　新风系统的起源

世界上第一台新风机是由英国地理环境科学工程师、环境系统分析专家、大气污染处理专家奥斯顿·淳以于1924年发明的。

奥斯顿·淳以毕业后在工厂学习化学加工，他所在的封闭车间污染特别严重。为了解决车间严重的化学污染问题，奥斯顿·淳以经多次尝试，终于在1924年发明了能净化工厂空气的通风换气设备，简称为通风换气机或新风换气机。奥斯顿·淳以的儿时玩伴罗伯·阿特金森一直受呼吸道疾病的困扰，无论是食疗还是药物治疗都未达到良好的效果，后来发现待在医院的洁净房间里面是较为有效的缓解方式。于是，1935年奥斯顿·淳以通过原有设备技术升级，根据医院洁净房间的相关技术及要求，针对家庭和工厂设计出了世界上首个热交换新风系统，该系统可有效去除室内有害气体、颗粒物等空气污染物，同时持续补充氧气。

1.4.2 国外新风系统及相关标准的发展

世界新风系统已经经历了较长时间的发展。新风系统在世界上的主要发展历程如下[12]：德国标准化协会（DIN）在 20 世纪 50 年代发布了 DIN 1946 第二部分《通风与空调：技术卫生要求》的修正案，如今的德国住宅，新风系统已经完全整合到所有建筑物中，变成房屋的基本配置；1956 年，英国政府首次颁布《清洁空气法案》；1958 年，欧洲率先提出现代室内新风概念，并同时推出适用于各类场所的低噪声高静压送风机；在 20 世纪 70 年代，西班牙有超过 90% 的新建住房配备了中央管道新风系统；1970 年，美国颁布《清洁空气法》，对每一种空气污染物都规定了最高限度；1972 年，日本修改了《大气污染防治法》；1974 年，法国引进新风系统，英国颁布《空气污染控制法案》；1989 年，美国由 ASHRAE 制定了《室内空气质量通风规范》，居室内的新风系统也成为美国人民的一种生活必需品；1999 年，新风系统在英国的销售量达 7500 万台，97.81% 的室内环境已经安装新风系统；2000 年，欧盟统一了住宅通风标准；2003 年，日本将新风系统的安装列为法规；2005 年，美国新风系统的年销售量突破 2100 万台；2008 年，日本的新风系统年销售量达到 1500 万台，新风系统的市场年增长率为 23.51%，几乎所有的公司以及家庭都安装了新风系统，新风系统成为衡量住房是否合格的一项标准；2017 年，新风系统在欧美家庭的普及率已经高达 96.56%。新风系统已经成为建筑技术发展的必然选择之一，而且建筑节能环保与新风系统之间也有着不可分割的关系，人们对健康、舒适、智能家居环境的追求，促使新风系统日益成为家庭装修的标准配置[13]。

1.4.3 国内新风系统及相关标准的发展

在我国，对于新风系统的研究尚处于起步阶段，普通家庭安装新风系统的较少。20 世纪 90 年代，欧洲的一些新风品牌被引入了中国市场，当时只有少数高收入群体开始在家庭装修的时候安装新风系统，大多数国人对于新风的概念还处于开窗通风的阶段[14]。在 2003 年"非典"期间，新风系统受到一时的欢迎，为了防止病毒传播，人们对空气质量给予了一定的关注。同年，相关机构要求学校、幼儿园及医院安装新风机，加强室内的通风换气。2009 年禽流感病毒暴发，人们的空气质量意识逐步增强。2012 年左右，国内各地频繁出现雾霾天气，人们对空气质量的关注达到一个高峰，国家也出台了一系列治理污染的政策，唤醒了人们对生存环境的空气质量的重视[15]。2019 年底至 2020 年初，为有效避免室内病毒的扩散及人员感染，新风系统再次成为普通民众及暖通从业人员讨论的热点话题。

我国新风系统的发展比国外晚了近五十年。1974 年中国诞生首台换气扇，这是新风系统的早期雏形。1987 年，中国颁布《采暖通风与空气调节设计规范》（GBJ 19—87）。2003 年，我国第一部由卫生部、国家环境保护总局、国家质量监督检验检疫总局联合制定的《室内空气质量标准》（GB/T 18883—2002）正式实施[16]。2012 年发布的《民用建筑供暖通风与空气调节设计规范》（GB 50736—2012）[17]，对通风换气和新风量做出了更详细的规定，其中 3.0.6 条规定，设置新风系统的居住建筑和医院建筑，其设计最小新风量宜按照换气次数法确定，并给出了不同人均居住面积对应的每小时换气次数。2015 年，由住房和城乡建设部科技与产业化发展中心发布的《住宅新风系统技术导则》[18]系统梳理了新风产品的分类、要求、试验等内容，有效地推动了新风行业技术的创新和进步。2016 年，由中国质量检验协会发布并实施的《新风净化机》（T/CAQI 38522—2016）[19]对家用新风净化机的分类、标记、试验方法等做出了规定，该标准主要针对新风净化机在出厂前的生产环节制定。2016 年，由辽宁省建筑节能环保协会、北京建筑节能与环境工程协会主编的《民用建筑新风系统工程技术规程》（CECS 439—2016）[20]为新建、扩建、改建的民用建筑新风系统工程的设计、施工与验收提供了标准。2018 年，我国第一部新风系统国家标准《通风系统用空气净化装置》（GB/T 34012—2017）[21]正式批准实施；同年，由北京市质量技术监督局以及北京市住房和城乡建设委员会发布实施的《居住建筑新风系统技术规程》（DB11/T 1525—2018）[22]是我国第一部关于居住建筑新风系统的地方性行业技术标准。由中国建筑科学研究院有限公司与福建省建筑科学研究院共同主编的《住宅新风系统技术标准》（JGJ/T 440—2018）[23]于2018年由住房和城乡建设部发布，并自2019年5月1日起实施。这是一个全国行业性标准，目的在于统一住宅新风系统工程技术要求，保证工程质量，改善住宅的室内空气质量。该标准适用于新建住宅及既有住宅的新风系统，规范了新风系统的设计、施工、验收、和运行维护等项目。此外，其他实施标准还有《通风器》（JG/T 391—2012）[24]、《热回收新风机组》（GB/T 21087—2020）[25]等。

1.4.4　不同类型建筑的新风系统

新风系统属于暖通空调专业的通风范畴，暖通空调包括供暖、通风与空气调节。我国的暖通空调专业创建于20世纪50年代初，在当时的社会经济条件下，暖通空调主要为工业生产及科学研究提供合适的室内环境，极少应用于民用场合，所以高等院校关于通风的教材直接定名为"工业通风"。对工业通风的定义是：在局部地点或整个车间把不符合卫生标准的污浊空气排至室外，把新鲜空气或经过净化符合卫生要求的空气送入室内[11]。从此定义可以明确看到，新风系统属于通风系统。在某些工业生产车间内，高温、高湿或粉尘、有害气体等极大地影响工艺过程、产品质量及工人健康。通风系统可以有效改善车间内空气环境，使其符合卫生标准[14]。典型的有电子洁净厂房的洁净空调新风系统。在洁净空调中，新风对于生产安全、产品质量起着举足轻重的作用，洁净空调中满足人员卫生要求的新风量一般为每人每小时不小于40 m³。电子洁净厂房中，大部分房间室内产湿量很小，设备发热量很大，从投资、管理及节能的方面考虑，可采用新风集中预处理与循环空调机组相组合的形式。新风集中预处理流程为：新风入口→粗效过滤器→中效过滤器→加热器→加湿器→表冷器→送风机→送风管→各循环空调机组。循环空调机组处理空气流程为：新回风混合（新风来自新风集中预处理系统）→表冷器→加热器→送风机→中效过滤器→送风管→高效过滤器送风口→洁净区→百叶回风口→回风管→新回风混合[15]。

随着国民经济的发展和人民生活水平的提高，从20世纪80年代末开始，暖通空调逐步进入民用领域，高等院校的相关教材名称也从"工业通风"改为"通风工程"。除了工业建筑，目前通风系统已广泛应用于民用建筑。民用建筑可以分为公共建筑和住宅建筑两大类。目前新风系统主要应用于公共建筑（如商场、影剧院、办公楼、宾馆、展厅、机场、车站等）中。

传统住宅建筑中基本没有新风系统。近年来，由于人们对室内空气品质的关注度越来越高，适用于住宅建筑的家用新风系统及设备不断涌入市场。相关研究结果显示，新风系统市场规模在2017年达到了90亿元，与2016年相比增长60%。目前吊顶机规模较大，因为其产品稳定，有价格优势，且适合二次装修家庭选择；壁挂机安装方便、外观小巧、便于维护，适用于小面积房间和单个房间，在未来的发展空间较大；立式柜机适合于大居室、大空间的应用，目前市场占比很小[26]。

1.5　室内空气环境的评价与新风系统的监测

判断新风系统是否正常运行、室内空气环境是否健康舒适，以及对新风系统进行有效的控制，都需要对新风系统进行实时监测，并建立相应的室内空气环境评价指标作为参考。

从20世纪90年代开始，世界各国都在研究同时满足新鲜空气与节能需求的必要换气量。国际上制定住宅建筑必要换气量的标准时，是对住宅模型进行相应的测算，其主要是以室内供氧和二氧化碳的稀释，以及甲醛、VOC等的去除为主要评价指标。总体来看，对室内空气质量的要求有两类。第一类是从换气量来规范室内的换气次数，如我国《民用建筑供暖通风与空气调节设计规范》（GB 50736—2012）对居住建筑换气次数做了较为详细的规定，如表1-1所示。第二类是限定室内的污染物浓度水平[27]，如我国《室内空气质量标准》（GB/T 18883—2022）对新风量及各类污染物浓度做了限值要求，如表1-2所示。

表 1-1　居住建筑设计最小换气次数

人均居住面积 F_p	每小时换气次数
$F_p \leq 10 \ m^2$	0.70
$10 \ m^2 < F_p \leq 20 \ m^2$	0.60
$20 \ m^2 < F_p \leq 50 \ m^2$	0.50
$F_p > 50 \ m^2$	0.45

表 1-2　室内空气质量指标

参数	标准值
新风量	30 m^3/（h·人）
二氧化硫（SO_2）	0.50 mg/m^3（1 小时均值）
二氧化氮（NO_2）	0.20 mg/m^3（1 小时均值）
一氧化碳（CO）	10 mg/m^3（1 小时均值）
二氧化碳（CO_2）	0.10%（1 小时均值，为体积分数）
氨（NH_3）	0.20 mg/m^3（1 小时均值）
臭氧（O_3）	0.16 mg/m^3（1 小时均值）
甲醛（HCHO）	0.08 mg/m^3（1 小时均值）
可吸入颗粒物（PM_{10}）	0.10 mg/m^3（日平均值）
总挥发性有机物（TVOC）	0.60 mg/m^3（8 小时均值）

注：除新风量指标为最低限值外，其余参数均为最高限值。

　　另外，我国《住宅新风系统技术标准》（JGJ/T 440—2018）中规定新风系统的监测参数主要为室内外的 CO_2 浓度及 $PM_{2.5}$ 浓度，以此判断新风系统运行是否符合要求，并提出新风系统宜根据 CO_2 浓度进行新风量的控制，但运行新风量不应小于设计新风量。

1.CO_2 浓度

　　1892 年，国外学者 Pettenkofer 指出二氧化碳自身并不是一种污染物，但可以作为人员所产生其他污染物的指示物，并且建议将二氧化碳浓度 1000×10^{-6} 作为充足新风量的判断标准[28]。如表 1-2 所示，我国《室内空气质量标准》（GB/T 18883—2022）中，规定二氧化碳浓度不超过 1000×10^{-6}（室外平均值为 $400 \sim 500 \times 10^{-6}$）。《住宅新风系统技术标准》（JGJ/T 440—2018）建议新风系统根据 CO_2 浓度进行新风量的控制。

　　需求控制通风系统在商业建筑的暖通空调领域已经应用了很多年，其中，室内的 CO_2 浓度被用作建筑的人员占用率指标，通过控制通风系统将室内二氧化碳浓度维持在限值以下。相关研究表明，将二氧化碳浓度作为衡量室内空气质量的指标对于高人员占用率的商业建筑而言是合理有效的，但是对于住宅建筑而言却存在一定的弊端，主要体现在以下四个方面：①住宅建筑的人员密度比商业建筑低得多，可用的 CO_2 浓度很难从背景浓度中分辨出来，这使得 CO_2 浓度很难被用作人员占用率的指标和运行通风系统的控制参数；②由于污染源排放污染强度较低，从人员进入住宅室内到 CO_2 浓度达到通风系统控制限值将存在较大的时间延迟；③住宅建筑中人员密度较低，人的活动范围较大，所以居住者不再是主要的污染源，CO_2 浓度不再是一个有意义的控制指标；④住宅建筑中空气混合的性质和程度与其他建筑也有很大的不同。

2. $PM_{2.5}$ 浓度

颗粒物对人体的影响主要取决于其质量浓度、粒径大小、化学组分和溶解性。相对于 PM_{10} 而言，$PM_{2.5}$ 的粒径更小，比表面积更大，更容易富集化学物质、细菌等有害物质，而且不易被鼻孔、咽喉拦截，可通过呼吸系统被吸入肺泡，甚至参与血液循环，危害人体健康。

建筑室内 $PM_{2.5}$ 的来源可分为两大类，一部分是室外来源，另一部分是室内来源。室外 $PM_{2.5}$ 主要通过自然通风系统、门窗等围护结构渗透通风、有组织的通风系统、空调新风系统及人员携带等进入室内。室内来源主要包括香烟、烹饪燃料燃烧及人员活动，其中，人员活动对室内 $PM_{2.5}$ 浓度影响显著，如做家务等活动会导致室内 $PM_{2.5}$ 浓度瞬间升高，但持续时间较短[29]。

室内 $PM_{2.5}$ 浓度与室外大气中 $PM_{2.5}$ 浓度、新风系统过滤器效率及换气量均有关。相关研究表明，由于室外大气 $PM_{2.5}$ 实时变化，新风量的大小将对新风系统的运行产生较大影响。对于夏季空调房间和冬季供暖房间，若通风换气量过大，在空调负荷增加的同时，还需要较高的新风过滤器效率以控制室内颗粒物浓度，则通风空调设备耗能较大；若换气次数较少，则难以满足室内卫生条件[10]。

对于住宅建筑室内空气环境的评价指标，仍在研究和改进的过程中，换气次数与具体污染物的浓度限值是目前的主要评价指标。由于住宅建筑中污染物较多，全部进行监测与控制较为复杂，使用换气次数进行评价较为便捷。对于住宅建筑新风系统的运行控制参数，由于监控的便捷性，目前仍以室内 CO_2 浓度为新风系统新风量的主要控制指标。

参考文献

[1] 赵荣义，范存养，薛殿华，等 . 空气调节 [M]. 4 版 . 北京：中国建筑工业出版社，2009.

[2] Logue J M, McKone T E, Sherman M H, et al. Hazard assessment of chemical air contaminants measured in residences[J]. Indoor Air, 2011,21(2):92-109.

[3] U. S. Environment Protection Agency. Sick building syndrome(SBS), Indoor Air Facts No. 4(revised)[R]. Washington, DC,1991.

[4] 张丹旭，王明印 . 居室环境污染系统分析及防治简介 [J]. 中国科技信息杂志，2010(5):26-29.

[5] Haymore C, Odom R. Economic effects of poor IAQ[J]. EPA Journal, 1993,19(4):28-29.

[6] 张舵 . 全球近一半人遭受室内空气污染 [N]. 人民日报,2004-12-30.

[7] 宁豆豆 . 住宅建筑新风量确定方法研究 [D]. 西安：西安建筑科技大学，2016.

[8] 中华人民共和国住房和城乡建设部 . 住宅新风系统技术标准：JGJ/T 440—2018 [S]. 北京：中国建筑工业出版社，2019.

[9] 中华人民共和国住房和城乡建设部 . 供暖通风与空气调节术语标准：GB/T 50155—2015 [S]. 北京：中国建筑工业出版社，2015.

[10] 刘玮，郝雨楠 . 国内居住建筑用新风系统及相关标准概述 [J]. 中国标准化，2018(13):114-118.

[11] 孙一坚．工业通风 [M]．3 版．北京：中国建筑工业出版社，1994．

[12] 王慧泉．从输配系统看新风发展趋势 [J]．中国建筑金属结构，2019(5):54-55．

[13] 王永涛．FK 环境科技公司新风系统产品市场营销策略研究 [D]．昆明：昆明理工大学，2019．

[14] 徐文华．建筑新风系统的探讨 [J]．建设科技，2019(5):24-29．

[15] 吴玉裕．浅谈电子洁净厂房中的新风系统设计 [C]// 福建省科协第十五届学术年会福建省制冷学会分会场——福建省制冷学会 2015 年学术年会（创新驱动发展）论文集．2015．

[16] 国家市场监督管理总局，国家标准化管理委员会．室内空气质量标准：GB/T 18883—2022 [S]．北京：中国标准出版社，2002．

[17] 中华人民共和国住房和城乡建设部．民用建筑供暖通风与空气调节设计规范：GB 50736—2012 [S]．北京：中国标准出版社，2012．

[18] 住房和城乡建筑部科技与产业化发展中心．住宅新风系统技术导则 [S]．2015．

[19] 中国质量检验协会．新风净化机：T/CAQI 38522—2016 [S]．北京：化学工业出版社，2016．

[20] 辽宁省建筑节能环保协会，北京建筑节能与环境工程协会．民用建筑新风系统工程技术规程：CECS 439：2016 [S]．北京：中国计划出版社，2016．

[21] 中华人民共和国国家质量监督检验检疫总局，中国国家标准化管理委员会．通风系统用空气净化装置：GB/T 34012—2017 [S]．北京：中国标准出版社，2018．

[22] 北京市住房和城乡建设委员会，北京市质量技术监督局．居住建筑新风系统技术规程：DB11/T 1525—2018 [S]．2018．

[23] 中华人民共和国住房和城乡建设部．住宅新风系统技术标准： JGJ/T 440—2018 [S]．北京：中国建筑工业出版社，2018．

[24] 中华人民共和国住房和城乡建设部．通风器：JG/T 391—2012 [S]．北京：中国标准出版社，2012．

[25] 全国暖通空调及净化设备标准化技术委员会．热回收新风机组：GB/T 21087—2020[S]．北京：中国标准出版社，2020．

[26] 白洋．新风市场消费新趋势与发展新动向 [J]．现代家电，2018(5):52-56．

[27] 李振海．新风系统关键技术与评价标准及问题 [J]．现代家电，2017:51-53．

[28] 居发礼．综合医院新风需求与保障技术研究 [D]．重庆：重庆大学，2015．

[29] 原斌斌．办公建筑室内 PM2.5 净化策略研究 [D]．南京：南京理工大学，2017．

2

室内新风与卫生健康

2.1　人体新陈代谢需求

人体为了维持机体功能的正常，每时每刻均在进行新陈代谢，即机体与环境之间的物质和能量交换以及生物体内物质和能量的自我更新过程，包括合成代谢（同化作用）和分解代谢（异化作用）。这其中的人体呼吸循环为机体内各组织结构提供必要的氧气与能量，是不可或缺的重要生命形式。呼吸全过程可分成外呼吸（external respiration，即肺呼吸）和内呼吸（tissue respiration，即组织呼吸）两部分。外呼吸是指机体通过呼吸道和肺，从外环境获得 O_2 和释放 CO_2，并经心血管系统由血液在肺与各器官组织之间输送 O_2 和 CO_2 的过程。内呼吸是指组织细胞利用 O_2 进行生物氧化，产生能量、生成水和 CO_2 的过程。除呼吸功能之外，肺尚有其他一些功能，称为肺的非呼吸功能（nonrespiratory function），其中有防御（包括滤过）、内分泌、代谢与排除、酸碱平衡调节以及体温调节等功能。

另外，人体呼吸系统还与其他人体系统的正常运行具有十分紧密的联系[1]。

1. 呼吸与中枢神经系统

呼吸运动是由脑干（脑桥和延髓）中与呼吸调节相关的神经核团根据机体代谢需要持续性进行调控实现的。这种调控基于来自中枢和外周各种感受器的理化信息，其中主要的可变性控制是动脉血 CO_2 分压（$PaCO_2$），由呼吸中枢指令各种呼吸肌进行适度的协调运动以调节呼吸频率与潮气量，保证 O_2 的供应和清除体内产生的 CO_2（使 $PaCO_2$ 接近 40 mmHg，即 5.33 kPa），与代谢需求相适应。

2. 呼吸与血液系统

红细胞数量和功能的正常直接与呼吸功能相联系。因为外呼吸功能的终极目标是为机体各器官组织摄取与提供 O_2，并把产生的 CO_2 排出体外。血液红细胞是肺和各器官组织间输送 O_2 和 CO_2 的载体。应当特别指出，红细胞中的血红蛋白（Hb）在肺部对 O_2 的摄取、在循环血液中对 O_2 的运输，以及在组织中对 O_2 的释放与提供细胞所需，都起着十分重要的作用。

3. 呼吸与其他系统

肺泡表面构成与外环境接触的巨大表面，又可通过循环系统与全身各器官组织相联系。因此，肺的呼吸功能和非呼吸功能与其他器官功能间可存在交互性影响，甚至引起疾病。

据统计，一个成年人每天呼吸 2 万多次，吸入空气 15 ~ 20 m^3，消耗氧气约 0.75 kg（相当于每小时 0.1 m^3 空气的含氧量），呼出二氧化碳约 0.9 kg。在住宅室内保障充足的氧气含量，是维持人体健康的最基本需求。一般人在住宅建筑内活动的时间较长，尤其在某些大型突发公共卫生事件影响下表现尤为突出。此时，充足的住宅新风是保障居民健康的基本条件。

2.2　居民室内停留时间

人类生存需要呼吸空气，并从空气中摄取氧气，与此同时，空气中的有毒有害污染物也会随之进入人体内，对人体健康产生不良影响。人对空气介质的暴露可以分为室内暴露和室外暴露两部分。虽然室内外空气会发生交换，但人体暴露于室外空气主要是由其在室外的活动、停留引起的。人体对空气污染物的暴露剂量计算见式 (2-1)[2]：

$$ADD = \frac{(C_{in} \times t_{in} + C_{out} \times t_{out}) \times IR \times EF \times ED}{BW \times AT}$$

(2-1)

式中：ADD——污染物的日均暴露剂量，mg/(kg·d)；

C_{in}——室内空气污染物浓度，mg/m³；

C_{out}——室外空气污染物浓度，mg/m³；

IR——呼吸量，m³/d；

t_{in}——室内活动时间，h/d；

t_{out}——室外活动时间，h/d；

EF——暴露频率，d/a；

ED——暴露持续时间，a；

BW——体重，kg；

AT——平均暴露时间，h。

可见，室内外活动时间，尤其是人员在室内停留的时间，直接影响人体对空气污染物的暴露剂量，是环境污染健康风险中的重要暴露参数之一。

调查研究发现，我国成人平均室内活动时间为 1167 min/d，相当于一天中 81% 的时间在室内，如表 2-1 所示。同时可以看出，我国成人的室内活动时间随着性别、年龄、地域和季节的不同存在着显著的差异。我国男性居民的室内活动时间短于女性；随着年龄的增长，居民的室内活动时间逐渐减短，在 45～59 岁达到最低值，然后开始逐渐增加，80 岁以上人群的室内活动时间最长；城市居民的室内活动时间长于农村居民；居民的冬季室内活动时间长于其他季节。

表 2-1 我国居民室内活动时间

类别		均值 / (min/d)
季节	春秋季	1140
	夏季	1140
	冬季	1200
性别	男	1152
	女	1183
年龄	18～44 岁	1167
	45～59 岁	1157
	60～79 岁	1178
	80 岁以上	1228
城乡	城市	1198
	农村	1142
平均		1167

我国各地区居民室内活动时间见表 2-2。其中吉林省居民的室内活动时间最长，为 1253 min/d，西藏自治区居民的室内活动时间最短，为 1046 min/d。从表中也可看出，我国多数地区城市居民的室内活动时间长于农村居民，但是差别不大。此外，我国居民的室内活动时间存在地区差异。若将我国按东、中、西部来划分，居民室内活动时间为东部地区＞中部地区＞西部地区；若按片区来划分，东北和华东地区居民的室内活动时间最长，西北地区居民的室内活动时间最短。

表 2-2　我国各地区居民室内活动时间

地区	室内活动时间 / (min/d)			地区	室内活动时间 / (min/d)		
	城乡	城市	农村		城乡	城市	农村
北京	1185	1188	1176	湖北	1151	1179	1102
天津	1142	1167	1076	湖南	1187	1210	1175
河北	1187	1199	1175	广东	1163	1166	1159
山西	1181	1221	1164	广西	1120	1130	1117
内蒙古	1168	1207	1144	海南	1073	1132	1049
辽宁	1187	1230	1172	重庆	1220	1198	1247
吉林	1253	1276	1222	四川	1143	1135	1148
黑龙江	1179	1257	1129	贵州	1170	1204	1133
上海	1241	1241	/	云南	1101	1125	1133
江苏	1211	1232	1166	西藏	1046	1148	1016
浙江	1190	1221	1174	陕西	1132	1167	1103
安徽	1168	1209	1142	甘肃	1079	1111	1069
福建	1205	1219	1191	青海	1191	1231	1087
江西	1165	1191	1136	宁夏	1207	1211	1178
山东	1210	1243	1173	新疆	1131	1158	1118
河南	1102	1147	1083				

注意：表中统计地区不包括香港、澳门、台湾。

2.3　室内污染物对人体健康的轻度影响

某些建筑物内由于长时间封闭而没有足够的室外新风，以至于在该建筑物内活动的人群产生了一系列自觉症状，而离开该建筑物后，症状即可消退。这种建筑物被称为"病态建筑"，在这些建筑物内活动的人群产生的一系列症状被称为"病态建筑物综合征"（sick building syndrome, SBS）[3]，又称不良建筑物综合征、密闭建筑物综合征。

2.3.1　SBS 的定义与术语

1982 年，世界卫生组织首次定义："不良建筑物综合征为在非工业区建筑物室内具有急性非特异综合征（眼、鼻和咽刺激征以及头痛、疲劳、全身不适）人数增加的情况。这些患者的症状在离开该建筑物之后能得到改善或痊愈。"

1989 年，世界卫生组织又提出补充定义："不良建筑物综合征为人体对不良室内环境的一种综合征。大多数患者不舒适都不能归因于某一危险因素的过度暴露，例如某一种室内空气污染物浓度超标或建筑物通风系统不良。故这种综合征被认为是由多种环境危险因素的联合作用所引起的，并涉及不同的病理机制。"

在研究 SBS 的过程中，产生了一些特定专业术语，这些术语起初分散在不同文献当中。在 1991 年，欧洲室内空气质量及其健康影响联合行动组织又重新对相关概念进行了定义，主要包括：①建筑物相关疾病：专指特异性致病因素已经得到鉴定，具有一致的临床表现的室内环境相关疾病。这些特异性致病因素包括过敏原、感染原、特异的空气污染物和特定的环境条件（例如气温和气湿）。典型的病症如军团菌病。②密闭建筑物综合征：专指在密闭的办公楼中发生的原因不明的综合征。但上述欧洲室内空气质量及其健康影响联合行动组织的定义体系并没有被广泛接受。一方面，众多的研究者仍然采用世界卫生组织 1982 年 /1989 年的定义；另一方面，有关专家呼吁出台"更好的 SBS 的定义"。

2.3.2　SBS 的诊断基准与危险因素

在国际上有两种广泛采用且相似的 SBS 诊断基准。一种诊断基准出现得较早，来自丹麦的 Molhave 博士[4]，并为世界卫生组织所采用：

· 在某建筑物内居住或工作的大多数人主诉有不舒适的症状。

· 在某建筑物中或其中的部分区域，具有这些症状的人数较为集中。

· 患者的主诉症状可以归类为以下五个方面：感觉性刺激症状、神经系统和全身症状、皮肤刺激症状、非特异过敏反应、嗅觉与味觉异常。

· 眼部、鼻腔、咽部的刺激 / 不适症状最常见。

· 其他症状，例如下呼吸道的刺激症状和内脏不适症状并不多见。

· 单个危险因素的暴露与患者的症状之间很难发现有明确的病因学联系。

另一种诊断基准出现得较晚，来自欧洲室内空气质量及其健康影响联合行动组织。该诊断基准为：

· 在该建筑物中的大多数人都有症状和不适反应。

· 患者的症状和不适反应可以归类为以下两个方面。

急性感觉异常——皮肤和黏膜有刺激感觉；全身不适，头痛和反应能力下降；非特异性过敏反应，皮肤干燥感；主诉嗅味或异味。

心理反应异常——工作能力下降，旷工旷课；关心初级卫生保健；主动改善室内环境。

· 眼部、鼻腔、咽部的刺激 / 不适症状为主要症状。

· 系统症状（如胃肠道不适）并不多见。

· 症状与单一危险因素的暴露之间常常没有可被鉴定的病因学联系。

为了尽可能地改善甚至消除 SBS，应清楚地认识 SBS 的危险因素，主要的危险因素如下。

· 物理因素：气温不适、湿度较高或较低、通风不良、人工光照不足、噪声和振动、负离子不足、纤维和颗粒物污染。

·化学因素：环境烟草烟雾、甲醛、挥发性有机化合物、生物杀虫剂、嗅味物质、无机化学性污染物（二氧化碳、一氧化碳、二氧化氮、二氧化硫、臭氧）。

·生物因素：霉菌、螨虫、皮屑和毛发、细菌。

·人体因素：过敏体质、精神敏感体质、性别差异、心理素质、工作负荷、工作压力、生活方式等。

2.3.3　SBS 的人体健康效应指标

从 WHO 给出的 SBS 定义可以看出，SBS 在不同对象上的表现可能各不相同，而且大多数情况下，SBS 的症状在离开该建筑后会自动消失。因此，在表征 SBS 具体的人体健康效应时，需要确定一组明确的效应指标，方便对住宅建筑的 SBS 进行评价。相关研究显示，人体健康效应主要包括主观效应与客观效应两大类指标。

主观效应指标主要有：

（1）感觉强度（sensory intensity）。感觉强度是 SBS 研究的传统人体健康效应指标，一套用于 SBS 研究的感觉强度问卷测量表常包括眼鼻咽部和上呼吸道刺激感觉强度、嗅感觉强度、对环境变量的感觉强度、神经行为能力四个方面的内容。测量时借助问卷测量表上的问题向受试者提问。

（2）心理量表，或称为神经行为测试（neurobehavioral tests）。常用的有 Wechsler 数据心理量表，用以测量短时记忆力；Andersen 氏几何图形心理量表，用以测量注意力。

（3）嗅阈（odor threshold）测量。嗅阈测量是在进行控制实验前后所进行的一项测量工作。

（4）眼刺激阈（eye irritation threshold）测量。眼刺激阈测量也是在进行控制实验前后所进行的一项测量工作，目的在于了解受试者的眼刺激感觉的敏感力。

（5）皮肤刺激测量。在受试者面颊部的皮肤上进行测量，一侧面颊用 6.5% 的乳酸溶液，另一侧面颊用 0.9% 氯化钠溶液做对照。感觉刺激的强度分为 0、1、2、3 四个等级。目的在于了解受试者的皮肤刺激感觉的敏感力和个体差异。

（6）鼻黏膜刺激测量。鼻黏膜刺激测量和皮肤刺激测量相似，但乳酸溶液的浓度仅为 0.45%，实验结果亦用 0、1、2、3 四个等级计分。

客观效应指标主要有：

（1）眨眼频率（eye blinking frequency），用摄像机拍摄记录。

（2）眼红程度（eye redness），用"眼红程度照相系统"测量，计量单位为"外眦部眼结膜单位面积可见血管数"。

（3）眼外眦小泡形成数（foam formation），观察眼外眦部结膜处小泡形成的数目。

（4）泪膜稳定度（tear film stability），其测量是将 $10~\mu L$ 1% 荧光素钠（sodium fluorescein）溶液点滴于眼皮内，测量上次眨眼到这次泪膜消失的时间，计数 3 次，求平均值，计量单位为秒。

（5）眼结膜上皮受损斑（epithelium damage），又称为 Lissamine 色斑。将 $10~\mu L$ 1% Lissamine 绿染色液点滴于下眼皮内，经过一次眨眼，统计四个结膜区绿色斑点的个数。计量用"绿斑数"或等级计分。分为四个等级——+：$0 \sim 10$；++：$11 \sim 50$；+++：$51 \sim 100$；++++：> 100。

（6）眼结膜细胞计数（conjunctival cytology），采用定量小吸管在结膜袋处吸取泪液，并点滴到玻片上涂片，然后用 10% 甲醛液固定。干燥后用显微镜观察统计多核白细胞的个数。

（7）血中 VOC 含量。血中 VOC 含量是一种较少使用的指标。血中 VOC 用 TVOC 表示，离开控制实验暴露 2.5 h 后血中 VOC 含量就会降低到基线水平。

2.4 室内污染物对人体健康的重度影响

在新风供应不足的情况下，室内污染物将出现堆积现象。短期暴露或室内污染物浓度较低时，仅仅会触发人体轻度的健康反应，例如 SBS 症状。但是，如果长时间接触室内污染物，例如甲醛、颗粒物、有害微生物等时，将对人体健康造成比较严重的危害，应当引起足够的重视[3]。

2.4.1 甲醛（HCHO）

甲醛是一种重要的化工原料，广泛应用于建筑、木材加工、家具、纺织品、地毯以及化学工业。它已被列为人类致癌物，可以引起鼻咽癌和白血病，诱发和加重支气管哮喘等疾病。虽然我国政府已经实施了一系列标准和规范来控制甲醛污染，但成效有限，每天仍有大量的人群受到它的危害。作为一种广泛存在的环境污染物，甲醛对人体健康的影响不容忽视。甲醛是最简单及最常见的醛类化合物，为无色水溶液或气体，结构简式为 HCHO，分子空间构型为平面三角形，相对分子质量为 30.03，键角为 120°；有刺激性气味，能与水、乙醇、丙酮等有机溶剂按任意比例混溶。

我国住宅室内空气中的甲醛来源主要有四个方面[3]：

（1）使用含有工业甲醛的产品。20 世纪 80 年代和 90 年代，我国室内空气中的甲醛主要来自建筑装饰装修过程中使用的人造板材。2000 年以来，由于国家强制实施了人造板材有害污染物限量标准，木材加工产业逐渐采用聚氨酯来取代脲醛树脂和酚醛树脂，现在人造板材所致的甲醛空气污染得到部分缓解。但是建筑物的装饰与装修仍然是我国目前室内空气甲醛污染的主要来源，而污染源已不再是木质板材，而是强力黏合剂、油漆和涂料等。

（2）环境烟草烟雾（environment tobacco smoke，ETS）。ETS 是室内甲醛另外一种重要的来源，香烟烟雾中甲醛含量为 70～100 mg/kg。在美国，抽烟产生的甲醛可能占室内空气甲醛总量的 10%～25%。

（3）室内燃气的使用。家庭烹调使用燃气也可以成为室内甲醛的部分来源。来自美国加州大学的一项研究表明，在一间 27 m³ 的模拟厨房中，使用一个炉温为 180 ℃ 的燃气炉，在通风不畅的情况下，1 h 之后厨房空气中甲醛的浓度可以达到 0.46 mg/m³ 的水平，为 WHO 建议限值的 4.6 倍；而在采用了抽风罩的条件下，1 h 之后厨房空气中甲醛的浓度仅有 0.04 mg/m³。

（4）室内燃香的使用。室内使用燃香（包括蚊香、棒香、线香等）可以成为另外一种室内甲醛的来源。清华大学的一项研究表明，一间 30 m³ 的模拟房间中，在不通风的情况下，6 种不同的燃香的燃烧时间范围为 50～120 min，平均燃烧时间为（72.0±27.6）min；燃烧后室内甲醛浓度为 0.09～0.33 mg/m³，平均浓度为（0.17±0.10）mg/m³，为我国甲醛标准的 1.7 倍，为燃烧前本底水平（0.017 mg/m³）的 17 倍。

1996 年我国卫生部制定的《居室空气中甲醛的卫生标准》规定[5]：居室内甲醛卫生标准的最高允许浓度（maximum allowable concentration，MAC）为 0.08 mg/m³。2002 年国家质量监督检验检疫总局等将 MAC 调整到 0.1 mg/m³，同时将标准适用范围扩展到对办公建筑室内空气质量的管理。这个限值与 WHO 对室内空气甲醛的建议限值[6, 7]（recommended limit）0.1 mg/m³ 是保持一致的。目前很多国家，例如英国和日本，采用 0.1 mg/m³ 作为非职业场所室内甲醛的限值，与 WHO 的建议限值保持一致。美国至今还没有制定全国范围的非职业场所室内甲醛的限值标准。

经过 30 多年反复科学论证，2004 年 WHO 发布公报，正式宣布甲醛是人类致癌物质。在这份公告中，WHO 指出甲醛可以导致鼻咽癌和白血病，并将甲醛的致癌性从可疑人类致癌物（A2 类）提升为 A1 类，即明确的人类致癌物。2004 年 WHO 公报中共有三个非常重要的结论：①甲醛是人类致癌物（A1 类）。由 WHO 下属国际癌症研究机构（IARC）组织的工作组（10 个国家的 26 位科学家）得出结论："甲醛是人类致癌物。过去基于少量研究所得出的结论认为甲醛只是可疑人类致癌物，然而来自有关甲醛暴露人群研究的新的信息全面增加了这一因果关系的权重。"②甲醛致白血病"证据有力但还不够充分"。专家组认为，目前对于白血病掌握了有力但还不够充分的证据。流行病学家在人群研究中发现了有力证据，但基于目前的资料还无法证实甲醛诱发白血病的机制。③甲醛致白血病尚需进一步研究证实。针对所获的白血病、鼻咽癌方面研究进展的信息，IARC 工作组认为甲醛暴露与白血病的关系尚需进一步研究证实。

甲醛广泛存在于装饰和装修后的室内空气之中，也是哮喘病的一种致病原。支气管哮喘简称哮喘，是一种常见的、多发的慢性呼吸道疾病，也是一种严重危害人类健康的疾病。有关资料显示，近 40 年来，哮喘在全世界的发病率不断上升，目前全球至少有 3 亿以上哮喘患者，我国有近 3000 万哮喘患者，哮喘已成为仅次于癌症的世界第二大致死和致残性疾病，因此受到广泛的关注[3]。流行病学研究资料已经显示，吸入性甲醛暴露与支气管哮喘的发生之间存在明显的因果联系。甲醛诱导型哮喘（formaldehyde-induced asthma）被认为是一种常见的呼吸道疾病。加拿大卫生部在修订居室内甲醛限值标准时已经将健康终点效应从眼刺激作用改为儿童支气管哮喘的发病率[3]。

2.4.2 挥发性有机化合物（VOC）

WHO 按沸点大小将有机污染物分为易挥发有机化合物（VVOC）、挥发性有机化合物（VOC）、半挥发性有机化合物（SVOC）和粒子状有机化合物（POM）。VOC 是沸点范围从 50 ~ 100 ℃到 240 ~ 260 ℃的有机化合物，其中高沸点范围特指极性有机物。VOC 是室内空气中化学污染物的重要组成部分。

由于 VOC 是一大类化合物的总称，对这些组分逐一进行定性和定量测定十分费时费力，缺乏可行性，因此如何评价 VOC 的污染状况一直是困扰各国研究者的问题。总挥发性有机化合物（TVOC）可以准确地进行主要污染物的定性和定量，测定相对简单快捷，便于进行结果的比较，从而被广泛使用。欧盟室内空气质量联合行动委员会（European Collaborative Action，ECA）于 1997 年在其第 19 号报告中从仪器设备（包括吸附剂、解吸方式、色谱柱性能）、分析窗、定量和计算四个方面对 TVOC 进行了定义，即首先需要鉴定出十个最大峰都是哪些污染物，然后对这些污染物逐一进行定量，对这十种污染物的浓度求和，其结果代表已知污染物的浓度；对其他小的色谱峰面积求和后，以甲苯进行定量，其结果代表未知污染物的浓度，最终将已知和未知污染物的浓度求和，即可得出 TVOC 的浓度。我国的《室内空气质量标准》（GB/T 18883—2022）中也采用该 TVOC 定义。该标准规定了住宅及办公建筑物室内空气苯、甲苯、二甲苯及总挥发性有机化合物的限值要求，分别为 0.03 mg/m³（1 小时均值）、0.2 mg/m³（1 小时均值）、0.2 mg/m³（1 小时均值）和 0.6 mg/m³（8 小时均值）。

室内 VOC 的来源主要有三大类：①室内建筑装饰、装修材料的释放。②人类自身及与日常活动相关的污染源。③室外污染源的扩散，如工业废气、交通尾气和光化学烟雾等。

室内 VOC 的污染呈现多元化、交叉化的特点。我国城市住宅室内空气中 TVOC 污染比较严重，无地域性和季节性分布特征，不同功能房间之间略有差异，但不具有统计意义。最大影响因素是装修，新装修住宅中 TVOC 含量普遍很高，一般超过 GB/T 18883—2022 限值的 2 ~ 3 倍，最高达 20 ~ 30 倍。与苯系物类似，TVOC 含量随着竣工时间的推移下降较快。王春等[8]研究发现，竣工 2 周后 TVOC 含量为 1.17 mg/m³，而 1 个月后就降至 0.64 mg/

m³，3 个月后会低于国家标准。一般而言，居室装修程度越高，TVOC 达标所需的时间越长，但 1 ～ 2 年内超标率基本降至 5% 以下。

大量的研究表明，室内 VOC 对人体的呼吸系统，尤其是呼吸道黏膜有刺激作用，也会导致一些呼吸系统疾病。李曙光等[9]采用随机整群抽样的方法，在长春市选择装修 6 个月内的住户，监测甲醛、氨和总挥发性有机物的浓度，同时进行问卷调查。结果表明，甲醛和总挥发性有机物是家庭装修室内空气污染的主要污染物；随着 TVOC 暴露量的增加，发生中枢神经系统反应和呼吸道系统反应的危险性分别增加 2.776 和 2.044 倍。方雨露等[10]采用分层随机抽样的方法对济宁周边农村入住新房时间 ≤ 1.5 年的居民进行调查。结果表明，室内甲醛及挥发性有机化合物超标率分别为 41.3%、59.1%；不同时间间隔组居民的呼吸系统症状、神经系统症状和皮肤疾病均有统计学差异（$P < 0.05$），随着装修竣工后开始入住时间间隔的延长，出现各类不适症状的居民逐渐减少。刘风云等[11]探讨了室内装修污染对儿童健康状况的影响。他们于 2009 年对泰安市城区 5 所小学的二至四年级（7 ～ 9 岁）的 1000 名儿童进行调查，通过家长填写问卷的方式，调查儿童居室内装修状况、室内空气污染对儿童健康的影响，并进行室内空气污染指标监测。结果表明，有室内装修污染的 324 名儿童感冒、肺炎、支气管炎、哮喘的发病率均高于无室内装修污染的 676 名儿童（$P < 0.01$）；室内装修后入住时间越短，呼吸道、消化道、眼部、皮肤刺激症状以及神经毒性症状的检出率越高，随入住时间的延长，上述症状的检出率逐渐降低（$P < 0.01$）；随着监测时间距居室装修时间的延长，室内空气中甲醛、苯、总挥发性有机物的超标率均有所下降（$P < 0.05$）。

相关研究还表明，室内 VOC 不仅对人体生理健康造成影响，还会对居民心理造成负面影响。刘凯等[12]对近 5 年内有装修史的 224 户家庭进行室内甲醛和总挥发性有机物的检测，首次采用 Derogatis 编制的症状自评量表（SCL-90）对其家庭成人进行心理健康状态测试，并对各种指标进行统计分析。结果表明，224 户装修居室内空气中甲醛或 TVOC 超标的住宅有 103 户，超标率达 46.0%。共调查家庭成人 350 人，其 SCL-90 量表得分显示，阳性项目数（19.57±13.32）显著低于国内常模（由标准化样本测试结果计算而来，即某一标准化样本的平均数和标准差）；9 项因子均分在 1.27 ～ 1.71 范围内，所有因子中躯体化、强迫症状和焦虑症状等 3 个因子的平均得分均高于全国常模。对室内污染物超标的 103 户 158 名成年居民的调查显示，异常项目检出率排在前 4 位的因子依次是躯体化、强迫症状、抑郁症状和焦虑症状。

2.4.3 半挥发性有机化合物（SVOC）

近年来流行病学以及毒理学研究结果表明：造成室内空气污染的不仅是挥发性有机物，一些半挥发性有机化合物同样可引发室内空气污染，对人体健康造成负面影响。我国针对室内半挥发性有机物污染的研究起步较晚，社会大众对于半挥发性有机化合物污染的关注不足，未意识到室内此类物质污染的严重性。

目前国内外对半挥发性有机物尚无统一定义，因其和挥发性有机物并无明确界限，在具体采样和实验室分析过程中对二者进行区分也有所差异。本书中采用 1989 年世界卫生组织（WHO）基于沸点的划分方式：半挥发性有机物（semi-volatile organic compounds，SVOC）是指沸点在 240 ～ 260 ℃到 380 ～ 400 ℃范围内，饱和蒸气压较小且挥发性较弱的一大类有机化合物质。SVOC 在室内空气中主要以气态和气溶胶两种形态存在。

SVOC 主要有三大特点：

（1）种类众多，来源广泛复杂。中华人民共和国环境保护部于 2014 年 4 月 15 日起实施的国家环境保护标准《环境空气 半挥发性有机物采样技术导则》（HJ 691—2014）中指出[13]，半挥发性有机物主要包括二噁英类、多环芳烃类、有机农药类、氯代苯类、多氯联苯类、吡啶类、喹啉类、硝基苯类、邻苯二甲酸酯类、亚硝基胺类、苯胺类、苯酚类、多氯萘类和多溴联苯醚类等化合物。

（2）吸附性强，室内存在时间长。SVOC 主要来源于人造化学品，因而室内浓度显著高于室外浓度。该类物

质蒸气压均处于 10^{-9} ~ 10 Pa 范围内，室温条件下挥发性较弱，易吸附到室内介质表面、室内悬浮颗粒物上以及室内降尘中，导致人们在室内活动时不可避免地处于 SVOC 的暴露之中。由于 SVOC 吸附性强，因而释放速率低，很难通过单纯通风在短期内稀释完，导致其在室内存在时间较长（可达数年甚至数十年），对室内人员健康影响具有长期性。

（3）以多种形态存在，暴露途径多样。SVOC 可同时以气相、颗粒相和表面相等形态对室内暴露人员产生健康风险。气相是指由污染源释放出的 SVOC 以气态形式存在于室内空气中，通过人们的呼吸和皮肤吸附进入体内；颗粒相是指 SVOC 吸附在颗粒物上，这些 SVOC 被颗粒物携带经由呼吸或者吞食进入人体内；表面相则是指气相 SVOC 或者颗粒相 SVOC 在与室内表面接触后，部分吸附在这些表面的 SVOC 可以通过皮肤接触进入人体内。总之，SVOC 主要通过呼吸道吸入、皮肤渗入和经口摄入 3 种途径进入人体。

国内 SVOC 的来源主要有五类：

（1）增塑剂。

增塑剂主要用于添加到高分子聚合物中以降低聚合物脆性，增加塑料制品的柔韧性和延展性，是我国产量和消费量最大的塑料助剂。增塑剂广泛应用于家具、餐具、玩具、建材、医疗部件等塑料制品中，其在塑料制品中的质量百分比可达 3% ~ 30%。添加有增塑剂的室内用品在使用过程中可发生添加剂迁移和散发并释放到环境中，是室内 SVOC 的主要来源。

（2）阻燃剂。

阻燃剂是赋予易燃聚合物难燃性的功能性助剂，广泛应用于日用家具、室内装饰、衣食住行等各个领域，是我国仅次于增塑剂的第二大高分子材料改性添加剂。目前我国阻燃剂以卤系阻燃剂为主，多溴联苯醚（polybrominated diphenyl ethers，PBDEs）因阻燃效果好、制造工艺成熟、稳定性佳、性价比高等优势在阻燃剂中应用最为广泛。PBDEs 是添加型阻燃剂，不与产品发生化学键合作用，容易在生产、使用和废物处置阶段不同程度地释放到室内环境中，暴露水平逐年升高，对人类健康已造成潜在的威胁，目前已被列入持久性有机污染物（persistent organic pollutants，POPs）名单，其生产和使用受到限制。

（3）单体原料。

①双酚 A。双酚 A（bisphenol A，BPA）为目前世界上使用最为广泛的化合物之一，添加 BPA 可使塑料制品具有轻巧耐用、无色透明以及抗冲击等特点，所以 BPA 成为食品包装、牙科填充剂、罐头涂料和医疗器械等产品的重要原料。

②烷基酚（alkyl phenols，APs）。APs 是烷基链在苯酚芳环上的取代产物，该类物质是制造烷基酚聚氧乙烯醚（alkylphenol ethoxylates，APEO）类非离子型表面活性剂的主要原料和在自然环境中的主要降解产物，广泛存在于造纸、纺织、洗涤剂等工业生产污水处理后的水体中。烷基酚类化合物在室内环境中降解性较差，可通过食物链富集于哺乳动物体内，是一类具雌激素作用的有机污染物，因此也被称为烷基酚内分泌干扰物，可对动物的生殖和其他活动造成不同程度的影响。

（4）燃烧产物。

室内的燃烧过程和高温加热过程可以产生大量 SVOC，燃烧产生 SVOC 的方式有两种：一是存于污染物源头中的 SVOC 受热散发至空气中，二是不完全燃烧过程产生新的 SVOC。燃烧过程的 SVOC 产物中最常见且危害最大的是多环芳烃（polycyclic aromatic hydrocarbons，PAHs），高温加热如中式烹饪法常用的爆炒煎炸等加热食物的方式同样可产生大量 PAHs，PAHs 中大多数化合物对人体有害，已被认定为可疑致癌物的有 16 种，对其长期暴露会诱发肺癌。

（5）家用卫生杀虫剂。

家用卫生杀虫剂主要应用于人类居住的生活环境，是家庭中用于杀灭蚊、蝇、蟑螂和鼠类等的一类化合物，如蚊香系列、气雾剂、缓释剂、灭蝇毒饵和灭蟑胶饵等。卫生杀虫剂的有效成分及其燃烧产物大部分是 SVOC，故其也是室内 SVOC 的重要来源。卫生杀虫剂虽然毒性较小，但是直接用在居室环境中长时间与人接触，会在人体内累积并造成慢性的潜在损害。随着该类杀虫剂的广泛应用，已出现一些中毒事件，应该引起重视。

2.4.4 颗粒物（PM）

室内颗粒物主要来源于室外大气污染物。通常将气溶胶体系中分散的各种固态粒子称为大气颗粒物。改革开放以来，随着我国国民经济的迅速发展和城市化的快速推进，以资源消耗为主的粗放式经济增长方式导致大量的大气污染物排入大气，使得我国多个地区空气质量显著下降，其中颗粒物污染引起了人们的广泛关注。近二三十年来，发达国家经历了百余年的空气污染问题在我国经济发达地区集中暴发，京津冀、长江三角洲和珠江三角洲等地区的多个城市曾数次发生大范围的雾霾天气，大气 $PM_{2.5}$ 浓度显著超过我国《环境空气质量标准》（GB 3095—2012）的规定[14]，空气质量状况令人担忧。

颗粒物的物理特征主要从三大方面分析：

（1）形态。颗粒物的形态包括颜色、表面特征、形状等，根据颗粒物来源不同而有所差别。用电镜和 X 射线能谱分析仪可见，燃煤排放的颗粒物一般呈灰褐色，表面比较光滑，含有 S、Al、Si、Fe 等元素，形状以球形居多；冶金工业排放的颗粒物呈红褐色，表面具有金属光泽，富含 Mn、Al、Fe 等元素，形态不规则；建筑行业排放的颗粒物通常呈灰色，表面暗淡，Ca 含量丰富，形状多变。

（2）比表面积。颗粒物的表面积与体积之比称为颗粒物的比表面积，间接反映了颗粒物受到物理化学作用与重力作用的相对大小。颗粒物的粒径越小，其比表面积越大。比表面积大小对颗粒物的吸附作用有一定影响，比表面积大的颗粒物易于吸附大气中其他有毒有害物质，从而对颗粒物的健康效应产生影响。

（3）空气动力学直径。目前颗粒物的粒径通常采用国际上公认的空气动力学直径表示。如果所研究颗粒物的空气动力学沉降速度与单位密度直径为 D_p（particle diameter）的球形粒子相同，则认为 D_p 为所研究颗粒物的空气动力学直径。空气动力学直径由于可以直接表征颗粒物在空气中的停留时间、沉降速度、进入呼吸道的可能性以及在呼吸道沉积的不同部位等，因此在国际上得到了广泛的应用。根据颗粒物的空气动力学直径与人体健康的关系，可将颗粒物分为以下几种类型：

①总悬浮颗粒物（total suspended particle，TSP），指空气动力学直径 < 100 μm 的颗粒物，是气溶胶中各种悬浮颗粒物的总称，为评价大气环境质量的常用指标之一。

②可吸入颗粒物（inhalable particle，IP），指空气动力学直径 < 10 μm 的颗粒物，又称 PM_{10}，可直接被人体吸入呼吸道，与人体健康存在密切关系。国内针对 PM_{10} 已有较为成熟的监测方法，PM_{10} 是国内大部分城市日常监测的主要大气污染物之一。根据粒径大小，PM_{10} 又可进一步细分为粗颗粒物和细颗粒物，其中空气动力学直径 < 2.5 μm 的为细颗粒物，空气动力学直径在 2.5 ~ 10 μm 的为粗颗粒物（coarse particle，$PM_{2.5-10}$）。

③细颗粒物（fine particle，$PM_{2.5}$），指空气动力学直径 < 2.5 μm 的颗粒物，可直接被人体吸入呼吸道深部，甚至到达肺泡区。由于 $PM_{2.5}$ 的粒径小、比表面积大，其吸附性强，易于携带大气中的有毒有害物质，使其毒性增强，因此 $PM_{2.5}$ 比 PM_{10} 对人体健康的危害更大。

④超细颗粒物（ultrafine particle，UFP），又称 $PM_{0.1}$，指空气动力学直径 < 0.1 μm 的颗粒物。由于 $PM_{0.1}$ 更易被人体吸入呼吸道深部，并渗透至肺间质组织，因此其对人体健康的危害可能比同等质量、较大粒径的颗粒

物更大。对其相关性质及其对人体健康的危害研究目前仍在探索之中。

2.4.5　微生物

微生物是地球上分布最广的一类生物，上至 85 km 的高空，下至 11 km 的深海，在最冷的南极和北极，在地表温度最高的火山口附近，在动植物体表和排泄物中，都有微生物的存在。由于微生物极小、重量极轻，且无处不在，来自地球生态圈的地圈、水圈以及由人类社会活动产生的微生物很容易以颗粒物形式进入大气，成为空气微生物。微生物粒子悬浮在大气中形成了微生物气溶胶（microbiological aerosol），随空气四处扩散。特别是与人类、动物和植物密切相关的近地面空气微生物，往往又被称为空气微生物（以下都称空气微生物）。

空气微生物是指悬浮于空气中的微生物，包括细菌、真菌、病毒和噬菌体等。空气微生物大多以微生物气溶胶的形式存在，即固态或液态的悬浮微粒在气体介质中的分散体系。根据微生物种类的不同，可以将微生物气溶胶分为细菌气溶胶（bacterial aerosol）、病毒气溶胶（viral aerosol）和真菌气溶胶（fungal aerosol）等。微生物气溶胶的粒谱分布为 0.002 ～ 30 μm，其中，细菌为 0.25 ～ 8 μm，真菌孢子为 1 ～ 30 μm[15]。微生物种类丰富，存在于空气中的细菌及放线菌有 1200 多种，真菌有 4 万多种。目前已确定的微生物种类大约为 10 万种，且每年都在发现新物种，我们掌握的微生物数量可能不到总数的 1%。室内空气中真菌是主要的空气污染因素，主要包括曲霉、青霉菌、酒曲菌属和酵母菌。室内空气中细菌以革兰氏阳性菌为主，其中细球菌属和杆状菌易于在较低湿度下生存[16]。

空气微生物主要来源于土壤、灰尘、江河湖海、动物、植物及人类本身。人类活动，如污水处理、动物饲养、发酵过程和农业活动等也是空气微生物的重要来源。人体本身的呼吸、皮肤和毛发也是空气微生物粒子的主要来源[17]。室内空气微生物主要来自室外空气微生物，室内空气微生物的群落特征和物种构成主要受室外影响，同时也受建筑特征及室内环境的影响。室内人员密度和人员行为是影响室内空气微生物的主要因素[18]。研究表明，室内无明显微生物发生源时，室内空气微生物浓度变化和室外空气微生物浓度变化规律相似，种类基本一致。采用机械通风方式会严重破坏室内外空气微生物的相似性，室外新风的大量减少在一定程度上降低了室外空气微生物的入侵概率，但是空调系统的管道风口等为微生物繁殖提供了良好场所。室内温湿度也是影响微生物存活的重要因素，寒冷干燥的环境不利于微生物生存，而适宜的温湿度下，微生物能够更加迅速地生长。

空气微生物污染与人类健康密切相关。一方面，过高浓度的室内空气微生物暴露对人类健康造成很大的影响；另一方面，微生物种类繁多，其中某些致病菌是人类呼吸道传染病的病原体和变应原，即使浓度较低，也可以引起严重的疾病。空气微生物对人体健康造成的危害是多方面的，包括呼吸道黏膜刺激、支气管炎、呼吸道传染病、病态建筑物综合征等。由空气微生物引发的大规模传染病包括：2020 年初暴发的新型冠状病毒感染、2002—2003 年全球范围暴发的 SARS（严重急性呼吸综合征）、2009 年的甲型 H1N1 流感、2013 年的 H7N9 型禽流感和 2014 年埃博拉出血热等。另外，研究发现哮喘、肺炎等非传染性呼吸道疾病也与生物气溶胶密切相关[19]。

通过现代生物学方法的测序研究发现，青霉素等真菌有较强的致敏性，曲霉属等真菌具有毒性，致病性菌能够引发呼吸道过敏症状，造成黏膜刺激，引发一系列疾病。枝孢霉和交链孢霉可能诱发或加重过敏反应，包括哮喘等。与人体呼吸健康相关的病原菌包括百日咳杆菌、肺炎双球菌和嗜肺军团菌等。朱慧等[20]调查了吉林市空气微生物，共发现 12 种人类致病菌，包括金黄色葡萄球菌、表皮葡萄球菌、肺炎球菌、猪霍乱沙门氏菌和痢疾志贺菌等，比例超过 40%。即使是非致病性菌，也可能引起过敏性反应，尤其对免疫力低下的儿童和老人具有潜在危害。不同粒径的微生物对人体造成的危害不同，小粒径的微生物具有更高的健康风险。一方面，微生物粒子表面可以吸附重金属粒子和挥发性有机物。另一方面，粒径在 1 ～ 2 μm 的气溶胶粒子能够直接进入肺泡组织，粒径在 2 ～ 5 μm 的粒子沉积在支气管部位，而粒径大于 10 μm 的粒子能够被鼻腔内部的绒毛阻拦。人体肺部约有 3 亿个肺泡，一旦这些微生物进入肺部，温度适宜的肺部环境将为微生物提供良好的生存和繁殖环境，造成极大危害。

2.5 室内新风标准

我国建筑一直以来普遍采用自然通风，但随着众多城市大气环境质量下降，自然通风显然已经不再适用于室外空气重度污染的城市。此外，随着我国节能建筑改造工程由易到难，从公共建筑到居住建筑，从大中城市到城镇、乡村的逐步推进，我国室内空气环境趋于封闭，空气污染造成的呼吸系统疾病风险加大。如果不能有效地解决室内空气污染问题，人们的健康将受到很大的威胁[21]。为了保障住宅建筑室内空气品质与人员的健康，许多国家的标准制定委员会已于 20 世纪中期开始制定室内空气质量相关标准。通过分析对比国内外新风标准，可以获取相关技术要求以及国内外新风要求差异[22]。

2.5.1 国外新风标准

1. 美国新风标准

美国采暖、制冷与空调工程师学会（American Society of Heating Refrigerating and Air Conditioning Engineers，ASHRAE）和住宅通风协会（Home Ventilating Institute，HVI）是美国住宅新风系统标准的制定者。其根据新风系统的不同部件的性能要求制定相应的标准，其标准体系涉及各部件的测试方法、参数界定范围等内容，具体标准如表 2-3 所示。其中，ASHRAE 颁布的标准涉及的范围更大，例如 ANSI/ASHRAE 52.2-2017《一般通风用空气净化装置计数效率试验方法》[23]，该标准不特别针对住宅用新风机净化效率的测试，属于空气净化装置的通用测试方法。而住宅通风协会（HVI）主要致力于为世界各地的公司生产的各种家庭通风产品提供认证，所有的认证和验证测试均由独立于制造商的第三方实验室执行，测试程序由 HVI 成员根据国际公认的标准制定，因此在住宅新风系统方面的相关标准针对性更强，较为完整。

表 2-3 美国住宅新风系统相关标准 [22]

标准标号	标准名称	主编单位	适用范围	主要涉及参数
ANSI/ASHRAE 62.2-2016[24]	Ventilation and acceptable indoor air quality in residential buildings	ASHRAE	住宅建筑内通风要求	通风量及室内污染物参数
ANSI/ASHRAE 52.2-2017[23]	Method of testing general ventilation air-cleaning devices for removal efficiency by particle size	ASHRAE	一般通风用空气净化装置	颗粒物及其阻力测试
ANSI/ASHRAE 84-2013[25]	Method of testing air-to-air heat/energy exchangers	ASHRAE	空气-空气能量回收装置	能量回收
HVI 915-2015[26]	Loudness testing and rating procedure	HVI	家用电器设备	噪声测试及评级
HVI 916-2013[27]	Air flow test procedure	HVI	家用电器设备	风量测试
HVI 920-2015[28]	Product performance certification procedure including verification and challenge	HVI	家用电器设备	性能评级

2. 欧洲新风标准

欧洲的住宅新风系统标准也有一个较为健全的体系，对产品各部件性能的规定和测试以及安装要求往往分布在不同的标准中，所涉及的标准如表2-4所示。

表2-4　欧洲住宅新风系统相关标准[22]

标准标号	标准名称	主编单位	适用范围	主要涉及参数
BS EN 13142-2013[29]	Ventilation for buildings - components/products for residential ventilation - Required and optional performance characteristics	CEN	通风产品性能要求	风量、风压、噪声、能效
BS EN 13141-7-2010[30]	Ventilation for buildings - Performance testing of components/products for residential ventilation	CEN	通风产品性能部件测试	风量、风压、噪声、能效
BS EN 779-2012[31]	Particulate air filters for general ventilation - Determination of the filtration performance	CEN	一般通风用空气净化设备	颗粒物及其阻力测试
EN 308-1997[32]	Test procedures for establishing performance of air-to-air flue gases heat recovery devices	CEN	空气－空气能量回收装置	能量回收

2.5.2　中国新风标准

与国外较完善的住宅新风系统标准体系相比较而言，目前国内住宅新风系统的标准相对缺失，标准体系不够完整，但近几年国家及地方相关单位针对住宅新风系统的风机生产、系统设计、工程验收等陆续发行了部分标准。各标准相关信息见表2-5。

表2-5　中国住宅新风系统相关标准

标准标号	标准名称	发布单位	适用范围	主要涉及参数
JGJ/T 440—2018[33]	住宅新风系统技术标准	住房和城乡建设部	新建与既有住宅建筑新风系统设计、施工、验收和运行维护	新风量、气流组织、风管系统、设备材料、过滤效率等
	住宅新风系统技术导则	住房和城乡建设部科技与产业化发展中心	住宅新风系统	电气、风量、噪声、热交换效率、净化效率、净化效能
T/CAQI 38522—2016[34]	新风净化机	中国质量检验协会	新风净化机	风量、风压、噪声、功率、热交换效率、净化效率、净化效能
DB11/T 1525—2018[35]	居住建筑新风系统技术规程	北京市住房和城乡建设委员会、北京市质量技术监督局	北京市居住建筑新风系统设计、施工、验收和运行维护	新风量、噪声、功率、热交换效率
CECS 439:2016[36]	民用建筑新风系统工程技术规程	辽宁省建筑节能环保协会、北京建筑节能与环境工程协会	民用建筑新风系统设计、施工和验收	风量

续表

标准标号	标准名称	发布单位	适用范围	主要涉及参数
JG/T 391—2012[37]	通风器	住房和城乡建设部	民用建筑通风器	风量、风压、噪声、功率、电气
GB/T 21087—2020[38]	热回收新风机组	国家市场监督管理局、国家标准化管理委员会	热回收新风机组	能量回收效率

2.5.3 国内外新风标准指标对比

1. 风量

在住宅新风系统设计选型方面，各国标准都对居住建筑中最小通风量和换气次数有相关要求。例如，北京市地方标准《居住建筑新风系统技术规程》（DB11/T 1525—2018）[35]依据现行国家标准《民用建筑供暖通风与空气调节设计规范》（GB 50736—2012）[39]，根据不同人均居住面积确定最小换气次数，从而确定新风量。美国ASHRAE协会对住宅建筑最小新风量也有相应的规定和计算方法。对于住宅新风系统而言，除了满足整个建筑的最小新风量要求，相关标准还对新风机的风量参数进行规定，具体内容见表2-6。从表中对比可以发现，中国和美国的标准都只规定了额定风量的下限，对风量的上限并没有规定，而欧洲标准对风量做了详细的区间分级，规定了每一级风量的范围，与额定风量相差越小，级别越高。中美标准大概在欧洲标准分级的第三级。详细的分级指标可以说明欧洲标准对产品性能的要求更为严格，对厂家进行产品的设计和优化有积极的引导作用，而美国和中国标准中只对风量下限做出要求，更适合在工程实践中进行选型和应用。虽然各自的侧重点不同，但三者在风量需要达到住宅换气需要的最小通风量要求这一出发点上是一致的。

表 2-6 风量标准对比

国家 / 标准	级别	新风量控制范围
美国 /HVI 920—2015[28]	空气净流量不得小于最大值的 85%	
欧洲 /EN 13141-7-2010[30]	1	±3%
	2	±6%
	3	±10%
	4	±20%
	5	±30%
	6	±50%
	N/A	> 50%
中国 /T/CAQI 38522—2016[34]	实测风量不得小于额定风量的 90%	
中国 /JG/T 391—2012[37]（DB11/T 1525—2018[35] 沿用）	实测风量不得小于额定风量的 95%	
中国 /CECS 439: 2016[36]	主机总风量调试结果与设计风量的偏差不应大于 10%；各风口风量与设计风量的允许偏差不应大于 15%	

2. 风压

各国和地区对风压的标准规定与风量标准类似，中美标准中都只规定了风压下限，欧洲标准中则根据不同的性能进行了具体的分级，如表2-7所示。但与风量标准不同的是，欧洲的风量标准分了7个级别，而风压标准仅分了4个级别，中美的风压标准规定只相当于欧洲标准的A3级别，可以看出，欧洲标准在风压上的要求比中美标准要更加严格。与风量类似，欧洲标准更侧重产品性能分级，而中美标准的工程实践性更强一些。

表2-7　风压标准对比

国家 / 标准	级别	风压损失范围
美国 /HVI 920—2015[28]	风道内风压不应小于额定风压的85%	
欧洲 /EN 13141-7—2010[30]	A1	≤ 2%
	A2	≤ 5%
	A3	≤ 10%
	A4	> 10%
中国 /T/CAQI 38522—2016[34]	实测风压不应小于额定风压的90%	
中国 /JG/T 391—2012[37]（DB11/T 1525—2018[35]沿用）	实测风压不应小于额定风压的93%	

3. 能效

在风机能效标准领域里，各国也有相应的国家标准，比如美国的《Energy Efficiency Classification for Fans》（ANSI / AMCA 205-12）[40]，我国的《通风机能效限定值及能效等级》（GB 19761—2020）[41]都对通风机的能效分级进行了规定。然而，两个标准制定的初衷是不同的，我国标准制定的目的是通过标准的实施，淘汰效率低的产品，具有强制性。而美国标准只是对风机效率等级进行评估，用户可以根据需要选择不同等级的产品，不具有强制性[42]。在住宅新风系统中风机的能效指标相对简单，美国HVI 920—2015[28]中规定全热交换机的输入功率不应超出额定数值的115%，中国T/CAQI 38522—2016[34]中规定新风机的输入功率不应超出额定数值的110%，DB11/T 1525—2018[35]则依旧沿用行业标准《通风器》（JG/T 391—2012）[37]中的规定，即输入功率不应超过表2-8规定值的110%。

表2-8　通风器的输入功率值规定

额定风量 /（m³/h）	普通型输入功率 /W	节能型输入功率 /W
≤ 50	20	13
51 ～ 100	45	23
101 ～ 200	90	45
201 ～ 400	180	90
401 ～ 600	240	150
601 ～ 800	300	180
801 ～ 1000	350	230

欧洲标准对通风机的分级较为详细，并引入了特定输入功率SPI（specific power input）指数的概念。SPI

是送风体积流量的平均值与风机输入功率的比值。这个指标可用于表示单位送风体积流量所需的能耗，该值越大说明用于输送风量产生的能耗越大；其值越小能耗越小，则产品性能更优。住宅新风系统中的新风机分类及功能不像其他场合使用的通风机那样复杂，住宅中使用的新风净化机应该有自己的相对简单的标准，正如美国 HVI 920—2015[28] 和中国 DB11/T 1525—2018[35] 中对风机能效的规定一样。欧洲标准在这方面规定得更加细致，SPI 体现了风机的能效分级特点，这点在中美标准中没有体现。SPI 分级级别越高，在输入相同功率的情况下就能有更多的通风量，能效越高。

4.净化效率

美国标准、欧洲标准和中国标准中对于新风净化机的净化效率的检测仪器、检测方法和技术要求的规定同样存在较大差异。美国标准 ANSI/ASHRAE 52.2-2017[23] 和欧洲标准 BS EN 779-2012[31] 都对人工尘和不同粒径的颗粒物的过滤效果进行了分级。王志勇等人[43]对此进行的对比分析表明，美国、欧盟国家和中国因为国情不同，有关空气净化器的检测指标和检测方法也不同。三者均侧重于颗粒物检测，但 ANSI/ASHRAE 52.2-2017[23] 的检测过程更复杂，评价方法更全面。中国的 T/CAQI 38522—2016 标准[34] 对于新风净化机净化效率的规定为净化效率不应小于 70%。该值是在实验台上通过测试 KCI 固态气溶胶在风机入口与出口的浓度值计算得到的。在该标准中还提到净化能效分级要求，这一规定与 DB11/T 1525—2018[35] 中对于净化能效的规定略有不同，后者规定，具有净化功能的单向流通风器的净化能效不应低于 2.00 m³/(W·h)，双向流通风器的净化能效不应低于 1.25 m³/(W·h)。

5.热交换效率

美国、欧盟国家和中国对于空气－空气能量回收装置均有相关的标准，例如美国的 ANSI/ASHRAE 84-2013[25]，欧盟的 EN 308-1997[32] 和中国的 GB/T 21087—2020[38]。而在住宅用新风机的标准制定中，也都以此为参照，具体内容如表 2-9 所示。从标准对比中可以发现，欧洲标准对温度效率和焓效率进行了具体的分级；中国标准分别规定了制冷和制热工况下的热交换效率，这点是欧美标准中没有考虑到的；中美标准都只规定了回收效率的下限，下限值的设定美国高达 90%，而中国平均只有 60%，美国的最低标准达到了欧洲的最高级别，可以看出美国很重视此类产品的能量回收效率。

表 2-9　热交换效率标准

国家/标准	标准要求					
美国/HVI 920—2015[28]	新风机能量回收效率不低于 90%					
欧洲/BS EN 13142-2013[29]	级别	1	2	3	4	5	N/A
	温度效率/(%)	≥ 90	80～89	70～79	60～69	50～59	< 50
	级别	1	2	3	4	5	N/A
	焓效率/(%)	≥ 90	80～89	70～79	60～69	50～59	< 50
中国/T/CAQI 38522—2016[34]	类型	制冷交换效率			制热交换效率		
	焓效率/(%)	> 50			> 55		
	温度效率/(%)	> 60			> 65		
中国/DB11/T 1525—2018[35]	类型	制冷交换效率			制热交换效率		
	焓效率/(%)	> 60			> 65		
	温度效率/(%)	> 60			> 70		

6. 噪声

各国标准中对住宅新风机的噪声要求差距较大（表 2-10），美国 HVI 915-2015[26] 中对噪声的测量和评级提出了 S（sone）的概念，通过计算 S 评价风机的噪声，在相同分贝条件下，20～20000 Hz 内的 S 值近似呈正态分布，而欧洲 BS EN 13142-2013 中依旧采用详细的噪声分级指标。在中国的 T/CAQI 38522—2016 和 JG/T 391—2012 标准中，分别根据洁净空气量和风量大小进行噪声的分级。采用 T/CAQI 38522—2016 中的标准值更为合理一些，因为在住宅新风系统中，风机不仅要满足向室内输送新鲜空气的要求，还需要满足对室外空气的过滤要求，而"洁净空气量"这个指标能够将新风净化机这两项功能进行结合，从而给出合适的分级指标。住宅新风系统涉及管道和其他部件的安装，因此除了达到新风机本身的噪声要求之外，在正常使用阶段也需要满足舒适性的要求，《住宅新风系统技术导则》[44] 中对住宅不同房间的昼夜噪声有相关规定，例如客厅白天噪声不应大于 45 dB(A)，夜间噪声不应大于 40 dB(A)。

表 2-10 噪声标准

美国 HVI 915-2015[26]		欧洲 BS EN 13142-2013[29]		中国 T/CAQI 38522—2016[34]			中国 JG/T 391—2012[37]（DB11/T 1525—2018[35] 沿用）		
级别	噪声 S	级别	噪声 /[dB(A)]	洁净空气量 /（m³/h）	噪声 /[dB(A)]		风量 /（m³/h）	噪声 /[dB(A)]	
					普通型	静音型		普通型	静音型
1	< 0.3	1	< 35	≤ 200	45	42	≤ 50	31	28
		2	35～40	200～400	50	47	50～100	35	32
2	0.3～1.5	3	40～45	400～800	55	52	100～200	39	36
		4	45～50	800～1200	60	57	200～400	43	40
3	≥ 1.5	5	50～65	1200～1600	63	60	400～600	47	44
		N/A	> 65	> 1600	68	65	600～800	50	47

7. 其他

在分析及总结各国标准过程中发现，除了上述有关风量、风压、能效、噪声、净化效率和热交换效率等内容的规定，相关标准还涉及有毒有害物质（如臭氧和紫外线）、电气安全（如电气强度、泄漏电流）等内容的检测及限值规定。需要指出的是，考虑到采用静电除尘技术和光触媒技术的新风净化机在工作时会产生臭氧和紫外线，在我国 T/CAQI 38522—2016 中对新风净化机出厂前有毒有害物质的检验有明确的限值规定，即臭氧浓度增加量不大于 0.05 mg/m³，紫外线泄漏量不大于 5 μW/cm³。上述调研的欧美标准中未有对新风机臭氧和紫外线的检测方法和限值说明，但此问题也是空气净化行业内关注的重点。例如，2015 年 ASHRAE 发布的文件《Position Document on Filtration and Air Cleaning》[45] 中指出，鉴于臭氧及其反应产物对人体健康的不利影响，人居室内环境不应使用臭氧进行空气净化。即使不用臭氧进行净化，如果净化装置运行时能够产生大量臭氧，也必须给予高度警惕，臭氧水平应控制在 10×10^{-9} 以下。

2.6 小结

人们大多数的时间均在室内度过，维持室内合适的新风供给不仅是人体正常的新陈代谢需求，更是改善室内卫生健康环境、减少室内污染物对人体影响的重要保障。室内不可避免地存在各式各样的污染源，轻则会对人体造成短期危害（如 SBS），重则污染物中甲醛、挥发性或者半挥发性有机物、颗粒物、微生物等的存在会导致较为严重的健康危害，因此需要新风系统进行调控与干预。国内外新风系统及其规范标准在不断发展，旨在提供一个更加健康、舒适、节能、环保的建筑室内环境。

参考文献

[1] 刘玮，邵莉．呼吸系统 [M].上海：上海交通大学出版社，2012.

[2] 中国环境科学学会室内环境与健康分会．中国室内环境与健康研究进展报告 2015—2017[M]．北京：中国建筑工业出版社，2017.

[3] 郭新彪，杨旭．空气污染与健康 [M].武汉：湖北科学技术出版社，2015.

[4] Molhave L. Volatile organic compounds, indoor air quality and health[C]//Proceedings of the Fifth International Conference on Indoor Air Quality and Climate, Ottawa, Canada: 1990, 15-33.

[5] 中华人民共和国卫生部．居室空气中甲醛的卫生标准 :GB/T 16127—1995 [S]. 北京：中国标准出版社，1995.

[6] 梁宝生．我国甲醛室内空气质量标准建议值的探讨 [J]. 重庆环境科学，2003(12):193-194+197.

[7] WHO. Air quality guidelines-second edition[R]. WHO Regional Office for Europe: Conpenhagen, Denmark, 2000.

[8] 王春，张焕珠，蒋蓉芳，等．装修后居室空气中甲醛和总挥发性有机物污染现状 [J]. 环境与健康杂志，2005(5):356-358.

[9] 李曙光，刘亚平，林丽鹤，等．家庭装修室内空气污染对居民健康影响 [J]. 中国公共卫生，2007,23(4):400-401.

[10] 方雨露，宋烨，刘祥君，等．室内装修对农村居民健康影响的研究 [J]. 中国农村卫生事业管理，2017,37(12):1477-1479.

[11] 刘凤云，孙铮，肖运迎，等．室内装修污染对儿童健康影响的调查 [J]. 环境与健康杂志，2010,27(12):1077-1079.

[12] 刘凯，陈晓东，林萍．居室装修后甲醛和 TVOC 污染状况及对成人健康影响的调查 [J]. 江苏预防医学，2005(04):12-14+53.

[13] 中华人民共和国环境保护部．环境空气 半挥发性有机物采样技术导则 :HJ 691—2014[S]. 北京：中国环境科学出版社，2014.

[14] 中华人民共和国环境保护部．环境空气质量标准：GB 3095—2012 [S]. 北京：中国环境科学出版社，2012.

[15] Reponen T A, Gazenko S V, Grinshpun S A, et al. Characteristics of airborne actinomycete spores[J]. Applied & Environmental Microbiology, 1998,64(10):3807-3812.

[16] 诸葛阳．典型建筑室内微生物污染现状及影响因素分析 [D]. 南京：东南大学，2019.

[17] Song L H, Song W M, Shi W. Health effects of atmospheric microbiological pollution on

respiratory system among children in Shanghai[J]. Journal of Environment and Health, 2000,17:135–138.

[18] Meadow J F, Altrichter A E, Kembel S W, et al. Indoor airborne bacterial communities are influenced by ventilation, occupancy, and outdoor air source[J]. Indoor Air, 2014,24(1):41–48.

[19] Sparkl L E, Owen M K, Ensor D S. Airborne particle sizes and sources found in indoor air[J]. Atmospheric Environment, 1992,26(12):2149–2162.

[20] 朱慧，戚继忠，由士江，等．吉林市空气中人类主要致病细菌的调查 [J]．城市环境与城市生态，2007,20(4):42–43.

[21] 刘玮，郝雨楠．国内居住建筑用新风系统及相关标准概述 [J]．中国标准化，2018(13):114–118.

[22] 贾亚宾，杨光，关军，等．国内外住宅新风系统标准及关键指标分析与比较 [J]．建筑热能通风空调，2019,38(10):47–52.

[23] ASHRAE. Method of testing general ventilation air cleaning devices for removal efficiency by particle size(ANSI/ASHRAE Standard 52.2–2017) [S]. Atlanta, GA2017.

[24] ASHRAE. Ventilation and acceptable indoor air quality in residential buildings(ANSI/ASHRAE Standard 62.2–2016)[S]. Atlanta, GA2016.

[25] ASHRAE. Method of testing air-to-air heat/energy exchangers(ANSI/ASHRAE Standard 84–2013)[S]. Atlanta, GA2013.

[26] Home Ventilating Institute. Loudness testing and rating procedure(HVI 915–2015)[S]. Arlington Heights, IL2016.

[27] Home Ventilating Institute. Air flow test procedure(HVI 916–2013)[S]. Arlington Heights, IL2013.

[28] Home Ventilating Institute. Product performance certification procedure including verification and challenge(HVI 920–2015)[S]. Arlington Heights, IL2015.

[29] CEN. Ventilation for buildings-components/products for residential ventilation-required and optional performance characteristics (BS EN 13142–2013)[S]. 2013.

[30] CEN. Ventilation for buildings-performance testing of components/products for residential ventilation (BS EN 13141–7 – 2010)[S]. 2010.

[31] CEN. Particulate air filters for general ventilation-determination of the filtration performance (BS EN 779 – 2012)[S]. 2012.

[32] CEN. Test Procedures for establishing performance of air-to-air flue(EN 308–1997)[S]. 1997.

[33] 中华人民共和国住房和城乡建设部．住宅新风系统技术标准：JGJ/T 440—2018 [S]．北京：中国建筑工业出版社，2018.

[34] 中国质量检验协会．新风净化机：T/CAQI 38522—2016 [S]．北京：化学工业出版社，2016.

[35] 北京市住房和城乡建设委员会，北京市质量技术监督局．居住建筑新风系统技术规程：DB11/T 1525—

2018 [S]. 2018.

[36] 辽宁省建筑节能环保协会，北京建筑节能与环境工程协会．民用建筑新风系统工程技术规程：CECS 439—2016 [S]．北京：中国计划出版社，2016.

[37] 中华人民共和国住房和城乡建设部．通风器：JG/T 391—2012 [S]．北京：中国标准出版社，2012.

[38] 全国暖通空调及净化设备标准化技术委员会．热回收新风机组：GB/T 21087—2020[S]．北京：中国标准出版社，2020.

[39] 中华人民共和国住房和城乡建设部．民用建筑供暖通风与空气调节设计规范：GB 50736—2012 [S]．北京：中国标准出版社，2012.

[40] AMCA. Energy efficiency classification for fans(ANSI/AMCA 205-2012)[S]. 2012.

[41] 国家市场监督管理总局，国家标准化管理委员会．通风机能效限定值及能效等级：GB 19761—2020 [S]．北京：中国标准出版社，2009.

[42] 朱晓农，田奇勇．中美风机能源效率分级标准对比 [C]// 沈阳鼓风机研究所．中国风机学术论文集，2013.

[43] 王志勇，李剑东，徐昭炜，等．国内外通风系统用空气净化器标准对比 [J]．暖通空调，2013,12:126-130.

[44] 住房和城乡建筑部科技与产业化发展中心．住宅新风系统技术导则 [S]. 2015.

[45] ANSI/ASHRAE. Position document on filtration and air cleaning[R]. Atlanta, GA: ASHRAE, 2015.

3

被动式建筑与自然通风设计

为了保障住宅建筑室内环境的健康与舒适，必须按时、按质、按量地从室外将新风输运到室内。任何物质的搬运都需要耗损能量，对新风的输运可以通过两种方式实现：一是采用电能驱动的风机提供驱动力，即机械式新风系统；二是直接采用自然界中的能源，包括风压和热压驱动力，即自然通风系统。这类自然通风系统通过合理的开口、尺寸、体型等设计手段，被动依靠自然界能源实现节能与舒适，是一种既古老又现代的被动式建筑技术。

3.1 建筑能耗概述

3.1.1 全球建筑领域能耗

国际能源署（International Energy Agency，IEA）[1] 的全球建筑领域用能核算结果显示，2018 年建筑与建造行业的用能量占全球终端能源使用量的 36%（其中建筑建造和基础设施建设的终端用能占全球能耗的比例为 6%，建筑运行能耗的占比为 30%）。其过程相关的二氧化碳排放量占全球排放量的 39%，其中 11% 与建筑物材料和产品有关，如钢铁、水泥和玻璃。全球能耗分布如图 3-1 所示。

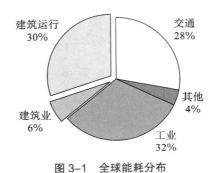

图 3-1　全球能耗分布

2018 年，全球建筑行业的碳排放量较 2017 年同期增长了 2%，高达 9.7 亿吨。在经历了 2013—2016 年的缓和趋势后，全球碳排放量迎来了新一轮的增长。其中，建筑面积和人口扩张导致了 1% 能源消耗的增长。全球建筑存量碳排放量增长的主要原因是电力使用的增加，2020 年高达 19%，这主要是由煤炭和天然气的使用造成的。因此，这就需要将清洁可再生能源与被动式节能屋和低碳设计的建筑方式相结合，从而最大限度地获得和利用资源。2017—2018 年，房屋供暖能耗减少 2%，照明能耗减少 1.4%，建筑能源强度持续改善，但房屋制冷的能源消耗增加了 2.7%，而水加热、烹饪和家用电器的能耗强度几乎没有变化。尽管建筑制冷能耗在 2018 年总能源需求中仅占 6%，但是自 2010 年以来，建筑制冷能耗以 8% 的增长速度成为建筑业用能增长最快的项目[1]。

全球建筑与建造行业价值链涉及的政策制定者、设计师和建造商以及其他参与者正在努力采取行动，以实现全球建筑的低碳转型并提升能源效率，然而要实现该目标还需要采取更加积极的行动。

在许多国家，建筑法规首次被引入或正在得到加强。例如，印度颁布的住宅建筑节能建筑规范（Eco-Niwas Samhita）成为印度在住宅领域的第一个节能法规。在卢旺达，通过了绿色建筑最低合规系统。由此，在规范新建筑能效水平的过程中，政策是应对未来碳排放增长的有效手段。

无论是新建还是现有建筑物，其所有者都需要进一步获得能效和零碳建筑的认证，从而推动建筑物的能效改善。例如，世界绿色建筑委员会在合作项目中推动"净零碳建筑"标准的制定以支持此类行动。

为提升全球低能耗和低碳建筑体量，投资者正在为其制定专门的产品和融资计划。例如，欧盟生态标签是欧洲绿色金融第一次为近零能耗建筑（nZEB）和绿色改造融资提供建议。

3.1.2 中国建筑领域能耗

清华大学建筑节能研究中心[2]对我国建筑领域用能及排放量进行了核算，结果显示 2018 年我国建筑建造和运行用能占全社会总能耗的 37%，与全球比例接近。如图 3-2 所示，我国建筑建造占中国全社会能耗的比例为 14%，建筑运行占全社会能耗的比例为 23%。

由于我国处于城镇化建设时期，因此建筑和基础设施建造能耗仍然是全社会能耗的重要组成部分，建造能耗占全社会能耗的比例高于全球整体水平，也高于已经完成城镇化建设的经济合作与发展组织（Organization for Economic Co-operation and Development，OECD）国家。但与 OECD 国家相比，我国建筑运行能耗占比仍然较低。随着我国逐渐进入城镇化新阶段，建设速度放缓，建筑的运行能耗占比将逐渐增大。

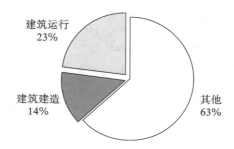

图 3-2　中国 2018 年建筑领域能耗分布

与其他国家人均能耗与单位建筑面积能耗相比，可以看出我国建筑能耗强度目前还低于各 OECD 国家（该差距近年来迅速缩小），但高于印度（图 3-3）。考虑到我国未来建筑节能低碳发展目标，我国需要走一条不同于其他国家的发展路径，这对于我国建筑领域将是极大的挑战。同时，目前还有许多发展中国家正处在建筑能耗迅速变化的时期，我国的建筑用能发展路径将作为许多国家路径选择的重要参考，从而进一步影响全球建筑用能的发展。

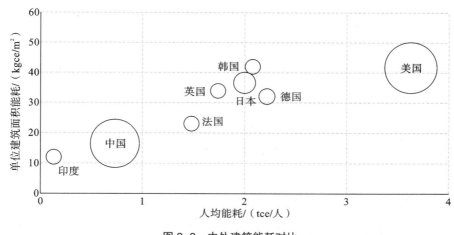

图 3-3　中外建筑能耗对比

建筑领域的用能和排放涉及建筑的不同阶段，包括建筑建造、运行、拆除等。我国民用建筑建造能耗从 2004

年的 2×10^8 tce 增长到 2018 年的 5.2×10^8 tce，如图 3-4 所示。在 2018 年民用建筑建造能耗中，城镇住宅、农村住宅、公共建筑的占比分别为 42%、14% 和 44%。

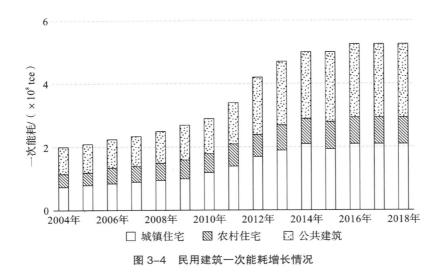

图 3-4　民用建筑一次能耗增长情况

2018 年建筑运行的总商品能耗为 10×10^8 tce，约占全国能源消费总量的 22%，建筑商品能耗和生物质能耗共计 10.9×10^8 tce（其中生物质能耗约 0.9×10^8 tce），具体如表 3-1 所示。

表 3-1　中国建筑能耗（2018 年）

用能分类	宏观参数 （面积或户数）	用电量 / （ $\times 10^8$ kW·h ）	商品能耗 / （ $\times 10^8$ tce ）	一次能耗强度
北方城镇供暖	147×10^8 m²	571	2.12	14.4 kgce/m²
城镇住宅 （不包含北方地区供暖）	2.98×10^8 户 244×10^8 m²	5404	2.41	806 kgce/ 户
公共建筑 （不包含北方地区供暖）	128×10^8 m²	8099	3.32	26.0 kgce/m²
农村住宅	1.48×10^8 户 229×10^8 m²	2623	2.16	1460 kgce/ 户
合计	14×10^8 人 601×10^8 m²	16697	10	717.0 kgce/ 人

清华大学建筑节能研究中心[2] 的研究指出，从 2008—2018 年，北方城镇供暖、城镇住宅、公共建筑、农村住宅的各类能耗总量上看，除农村用生物质能持续降低外，各类建筑的用能总量都有明显增长，并呈以下特点。

（1）北方城镇供暖能耗强度较大，近年来持续下降，节能工作的成效显著。

（2）公共建筑单位面积能耗强度持续增长，各类公共建筑终端（如空调、设备、照明装置等）用能需求的增长，是建筑能耗强度增长的主要原因，尤其是近年来许多城市新建的一些大体量并应用大规模集中系统的建筑，能耗强度大大高出同类建筑。

（3）城镇住宅户均能耗强度增长，这是由于家电等用能需求增加，夏热冬冷地区冬季供暖问题也引起了广泛的讨论；由于节能灯具的推广，住宅中照明能耗没有明显增长，炊事能耗强度也基本维持不变。

（4）农村住宅的户均商品能耗缓慢增加，在农村人口和户数缓慢减少的情况下，农村商品能耗基本稳定，其中由于农村各类家用电器普及程度增加和北方清洁取暖"煤改电"等原因，用电量近年来提升显著。同时，生物质能使用量持续减少。因此农村住宅总用能近年来呈缓慢下降趋势。

3.2　被动式建筑技术发展概述

20 世纪 80 年代初，瑞典隆德大学博·亚当姆森（Bo Adamson）教授和德国达姆施塔房屋与环境研究所沃尔夫冈·费斯特（Wolfgang Feist）博士提出了一种新的理念：要在不设传统采暖设施而仅依靠太阳辐射、人体放热、室内灯光、电器散热等自然得热方式的条件下，建造冬季室内温度能达到 20 ℃以上，具有必要舒适度的房屋。他们将这种房屋称为被动房[3]。从被动房最初的定义可以发现，其仅仅是为了实现寒冷环境中建筑节能的一种技术，但是随着相关研究的发展与扩展，被动式建筑技术的概念已远不止于此。被动式低能耗建筑是将自然通风、自然采光、太阳辐射和室内非供暖热源得热等各种被动式节能手段与建筑围护结构高效节能技术相结合建造而成的低能耗建筑。这种建筑大幅度减少建筑使用能耗，最大限度地降低对主动式机械采暖和制冷系统的依赖，同时明显提高室内环境的舒适性。被动式低能耗建筑不仅是建筑节能发展的必然趋势，而且应该是建筑发展的必然趋势。

3.2.1　国外被动式建筑发展

1. 理论研究方面

沃尔夫冈·费斯特博士最先提出"被动房"建筑理念并且不断研究被动式建筑的理论，曾在该领域发表多篇论文及出版多部书籍。其参与编写的《Passivhaeuser Erfolgreich Planen und Bauen》一书，以德国被动房实践经验为基础，详尽介绍了被动房设计中的施工技巧和质量保证措施，并提供了大量参考图片，为世界各国深入了解和发展被动式建筑提供了宝贵的专业资料。

《Passive Building Design: A Handbook of Natural Climatic Control》[4]一文较为详细地介绍了有关被动式建筑的内容，主要从人体舒适度的需求和自然气候控制要素等方面提出被动式建筑的设计要点，并附有相关案例研究，对后期在该领域的研究起到一定的指导作用。

德国建筑师 Roberto Gonzalo 博士和 Rainer Vallentin 博士在 2014 年编写的《Passive House Design》[5]一书中研究了被动式设计标准下的设计策略，对住宅建筑和非住宅建筑的被动设计方法进行了详细的说明和分析，并在建筑物理、建筑施工和建筑能源平衡方面提供了大量资料，有利于其他国家的研究人员学习德国被动式建筑设计知识。

美国作家 Mary James 和美国建筑师 James Bill 编写的《Passive House in Different Climates: The Path to Net Zero》[6]一书介绍了不同气候下被动房的设计原则，在减少能源消耗的同时为建筑提供除湿通风的舒适环境，展示了十个国家的多个案例并进行了说明，为全球范围内被动房设计提供了参考。

2. 发展趋势

随着环境保护问题成为全球人类共同的研究课题和艰巨任务，建筑节能相关标准走向国际化和统一化。因此，被动式建筑的节能技术也将走入新的阶段。根据2015年德国被动房研究所的研究，将被动房的认证标准进一步加以细化，分为经典标准（classic）、升级标准（plus）和高级标准（premium）三个等级。其目的是检验建筑达到被动房标准的同时对能源消耗量的控制，更好地促进被动房上升到更高的质量等级。近年来，为了保证建筑行业的可持续发展，从长远角度出发，德国在新建建筑和既有建筑现代化改造中已经按照被动房标准进行建设。其他欧盟国家也拥有共同的建筑节能目标，以被动房标准为建筑节能的基础，要求2019年所有公共类的新建建筑达到近零能耗的节能标准，并且，要求2021年所有类型的新建建筑达到近零能耗的节能标准。其最终要达到的目标是，争取在使建筑舒适性提高的同时，消耗更少的一次性能源，加强可再生能源的利用。

在世界大环境下，各国都在设立新的建筑节能标准和相关法律法规，支持和鼓励建筑行业从业人员在建筑设计节能问题上做出创新和突破，取得环境保护和经济发展的双赢。

3.2.2 中国被动式建筑发展

1. 理论研究方面

我国在20世纪八九十年代出现了"被动式太阳房"的概念，被动式太阳房也叫作被动式太阳能建筑，其特点是充分利用太阳能这个可再生能源为建筑提供能量，节约能耗较传统建筑明显提高。同时，我国也编写了相关介绍被动式太阳房的书籍与其他资料，让该建筑名词得到了推广。

到了21世纪，随着被动房概念从德国的引入，我国与德国的合作项目开始展开，我国建筑师开始学习并研究德国被动式建筑的理念和设计策略，各大高校也开始了有关被动式建筑的学术研究和实践研究。清华大学周正楠教授发表《对欧洲"被动房"建筑的介绍与思考》[7]，阐述了欧洲先进的被动房创新特色以及在我国应用的前景，为之后的被动房研究提供了参考性资料和指导性意见。华中科技大学李保峰教授团队在研究被动式建筑设计上做了大量工作[8-10]，均以实际设计项目为依托，探讨冬季保温采暖方法和夏季隔热降温方法，提出被动式建筑的设计策略，并结合软件模拟建筑环境以检验被动式节能设计对建筑的影响。

除各个高校有关被动式建筑研究的学术论文以外，我国还在继续学习和探究德国和其他国家的被动式节能技术，翻译被动式建筑相关德文版和英文版的书籍，让更多知识和资源走进我国，为我国的被动式节能事业提供良好的环境。同时，我国积极与国外被动房专家进行合作，在我国当地多样化环境中建造符合中国地理条件和气候条件的被动房。

目前，我国相继出台了相关国家法规和政策，使被动房不只停留在设计阶段，而是真正建成和投入使用。《近零能耗建筑技术标准》（GB/T 51350—2019）[11]由中国建筑科学研究院有限公司及河北省建筑科学研究院共同编写，由中华人民共和国住房和城乡建设部及国家市场监督管理总局联合发布，并于2019年9月1日实施。该标准主要涉及近零能耗建筑的基本规定、室内环境参数、能效指标、技术参数、技术措施及评价等内容。由上海建筑科学研究院主编的《夏热冬冷地区超低零能耗住宅建筑技术标准》正在征求意见。

2. 发展趋势

我国是世界人口大国，大规模的城镇建设和村镇建设推动了建筑行业的快速发展，但是任何事物都具有两面性，建筑行业在迅猛发展的同时给我国带来了巨大的能源消耗。"十一五"期间，我国提出要做好建筑节能方面的工作。其间，我国制定的《民用建筑节能条例》为新建建筑节能提供了法律法规上的保证。该条例针对建筑节能在要求上扩大范围，在质量上严格控制，在施工上加强监管，使建筑在一定规模内使用可再生能源，为我国拥有绿色低碳的环境提供有利条件。

"十二五"期间，在原有建筑节能要求的基础上，投入新型能源的研发，将被动式节能建筑作为主要实践对象，实施强制性的建筑节能标准，不仅在新建建筑上强调被动式节能的要求，在既有建筑改造时也强调被动式节能的要求。在更加严格的监管制度中，大大降低对能源的消耗。

"十三五"期间，住建部提出新的要求，建筑节能领域继续拓展，城镇新建建筑同样要达到节能标准。在之前建筑节能要求的基础上，更要关注公共建筑节能和农村建筑节能，它们同样影响我国整体能源消耗量，要真正做到绿色发展还需更加遵守节能的各项标准，在实践进程中提高、创新和完善建筑节能目标。

在建筑节能的大趋势下，被动式建筑所带来的能源节约正符合我国的节能要求，在住建部的积极促进下，我国被动式建筑数量不断增加，但其中仍有很多处于设计阶段或未完工阶段，在建设过程中也会面临技术问题或经验不足问题。在未来的节能大目标引领下，被动式建筑的发展势必成为建筑节能必经之路，因此加强被动式建筑领域基础知识学习和经验总结至关重要。同时，我国疆域辽阔，不同地域有自己独特的气候，在今后的道路上要勇敢前进，探索适合我国环境的被动式节能发展道路。

3.3　被动式建筑自然通风技术发展概述

3.3.1　国外建筑自然通风技术发展

19 世纪以前，建筑都采用自然通风方式，但是人们对自然通风的理解尚未深入，它只是一种被动的选择。由于当时技术条件限制，室内敞开式的火炉容易产生烟尘，从而降低室内空气品质，另外，燃烧未尽产生的 CO 还严重威胁到人们的健康和生命。自然通风的第一次技术进步就是热源和室内空气对流的分离。本杰明（Benjamin）发明的封闭式火炉可以用来给房间供暖，同时又不污染室内空气；朗福德伯爵（Count Rumford）给敞开式火炉加上了烟气隔板。这两项发明可以为室内供暖而不污染室内空气。西方进入城市化进程后，居住空间越来越拥挤，空气对流不畅严重影响了居民的健康，流行病频发，从而导致人们对自然通风状况不是很满意。1918 年的全球流感大暴发让人们对开窗换气的接受度下降，而且由于知识体系的不完备，直到 20 世纪还有人相信呼吸夜晚的室外冷空气会导致肺结核。后来人们又认识到，人呼出的空气也是室内空气污染源之一，室内空气淤积容易导致患病，空气需要置换。所以当可控的机械通风技术开始应用时，人们竞相追捧。

随着技术进步，机械通风可以用集成式的方法将供暖和置换空气两大问题同时解决，大大提高了室内舒适度。空气处理器可以制造室内小气候，生产出比自然通风更清洁的空气。自然通风开始被机械通风和空调系统取代，室内环境控制标准也是依据机械通风来制定的。20 世纪初美国就颁布了法规来限定建筑的通风量不少于 30 ft³/min（1 ft = 30.48 cm），这只有机械通风系统才能做到。美国 ASHRAE 规定的通风标准也都是围绕空调系统而设的，从 5 ft³/min 到 25 ft³/min 不等。有趣的是，ASHRAE 历年来的通风标准都围绕节能与通风量这一对矛盾因素而变化。在西方工业化过程中，建筑自然通风方式不是主流。西方国家在相当长一段时期内都将人工环境视为自然环境的对立面，从而忽略地方自然条件而把建筑内部环境气候营造成千篇一律的舒适模式。工程师们往往依据 ASHRAE Standard 55 或 ISO 7730 的舒适标准否定自然通风方式。这些标准是为中央空调系统制定的，并在实践中被广泛采用。

3.3.2　中国建筑自然通风技术发展

我国建筑领域在被动节能自然通风技术方面的研究起步较晚。我国地域辽阔，各地区都有应付地方气候条件的自然通风技术经验，如新疆民居用遮阴通风中庭和厚墙应对干热气候，西双版纳民居用利于通风的架空竹楼应对湿热气候等。西北窑洞、巴蜀民居、华南民居等都反映了地方气候特色。建筑技术领域对传统适宜技术的研究从 20 世纪末已经逐渐展开，如刘铮等人对蒙古族民居的研究[12]，汤国华[13]对岭南民居适应气候策略的研究，林波荣等人[14, 15]对徽派民居以及四合院物理环境的研究，李延俊、杜高潮[16]对传统民居风环境的研究等。

目前我国被动节能自然通风技术的研究在暖通等建筑技术领域已先行一步，而建筑设计方面的相关研究却相对滞后。建筑技术领域在这方面的主要研究内容有热压通风方式（如太阳能烟囱）的分析与优化、多元通风（自然通风与机械通风相互增益）模式研究、被动太阳房的热工模拟与分析、传统民居的物理环境模拟与分析等。建筑技术领域的研究主要关注的是模拟与分析，而建筑设计领域的研究主要关注建筑的空间布局、结构形式和构造方式等与优化建筑微气候之间的内在规律，并且可以借鉴技术领域的量化研究方法以增加研究的科学性。从 21世纪初开始，暖通领域利用 CFD（计算流体力学）软件对室内流场和温度场进行模拟，可准确得到室内任意时刻任意一点处空气的温度、流速和气压等数据，这为研究提供了模拟计算和量化分析的可能性。

3.4 自然通风基本原理

3.4.1 风压通风

风压通风是利用建筑迎风面与背风面的空气压力差实现的空气流动，这是最常见的自然通风方式。当风吹向建筑时，因建筑的阻挡，会在建筑迎风面产生正压力。气流绕过建筑时，会在其背风面形成负压力。如果建筑有开口，气流就从正压区向负压区流动。随着空气流速的增加，压力减小，从而形成低压区，周围的空气在补充低压区的同时也实现了空气对流，这就是建筑内部实现对流换气的基本原理（图 3-5）。根据这一原理，宜在建筑内部保留贯通的风道，当风从通道中吹过时，会在通道中形成负压区，从而带动整个建筑内部的空气对流。这种风的通道极具方向性，即通风管道在一定方向上贯通而在其他方向上是封闭的，这就是管式建筑的通风组织原理。利用管式通风，可以解决大进深建筑空间的通风问题，如广东的竹筒屋或者闽南的手巾寮就利用了管式通风来解决小面宽大进深房屋的通风难题。在具有良好外部风环境的区域，风压通风是实现自然通风的主要手段。

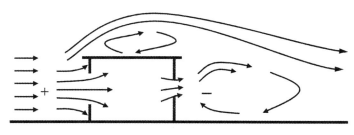

图 3-5 风压通风原理示意图

3.4.2 热压通风

热压通风利用建筑内部空气热压差来实现空气流动。热空气密度小，由于浮力作用而上升，从而带动了建筑内部的空气对流。利用这一原理，在建筑上部设排风口，在建筑底部设进风口，可将污浊的热空气从室内排出，室外新鲜的冷空气则从建筑底部被吸入（图 3-6）。热压作用与进、出风口的高差和室内外的温差有关，进、出风口的高差和室内外的温差越大，则热压作用越明显。一般室内外的温差是一定的，而热压与风口高度差成正比，所以在竖向的腔体中，这种热压作用比较明显，这就是我们通常所说的"烟囱效应"。在建筑设计中，可利用建筑物内部贯穿多层的竖向空腔－楼梯间、中庭、拔风井等增加进、排风口的高差，并在顶部设置可以控制的开口，将建筑各层的热空气排出，达到自然通风的目的。与风压通风相比，热压通风更加适应不稳定或者不良的外部风环境。

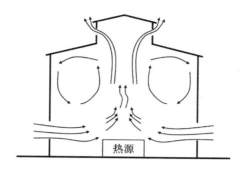

图 3-6　热压通风原理示意图

3.4.3　机械辅助自然通风

机械辅助自然通风是利用机械设备来辅助完善自然通风的一种通风方式。在一些大型建筑中，由于通风路径较长，流动阻力较大，单纯依靠自然风压与热压不能满足室内通风要求。另外，在空气污染和噪声污染比较严重的环境中，直接的自然通风还会将室外污浊的空气和噪声带入室内，不利于人体健康。在这种情况下，常常采用一种机械辅助式的自然通风系统，如在通风管道中附加风机。该系统有一套完整的空气循环通道，在通道中用风机等机械设施增加动力。这种方式与纯粹机械通风的区别在于，系统的主体依然是自然通风系统，机械设备只是起辅助作用。

通常自然通风有过分依赖外部风环境的缺点，当室外风速过低或者通风路径很长时，自然通风可能无法满足建筑内部通风需要，此时的选择有空调系统和机械辅助自然通风系统，后者比前者的初投资和运行费用都要少得多，具有明显的经济性。所以只要在满足室内热工需求的前提下，机械辅助自然通风依然是相对节能的选择。如果结合绿色生态的空气预处理手段，如土壤预冷、预热，深井水换热等，这种通风方式有相当大的节能潜力。

3.5　被动式强化自然通风设计

本小节内容涉及被动式自然通风设计的代表性方法与系统，更多详细内容请参考《建筑设计与自然通风》[17]与《建筑自然通风设计与应用》[18]。

3.5.1　形体设计

建筑形体设计需要关注两个方面，一是根据需要获得穿堂风，二是体形系数（表面积与体积之比）。两个方面的因素相互制约。从自然通风的角度来说，建筑形体越松散，体形系数越大，通风越好。但是体形系数大又带来白天得热多、夜间失热多的问题。所以需要综合衡量两者关系，针对气候区特点进行设计。

穿堂风是最为有效的通风方式，但是它对建筑进深有一定要求，短进深的建筑最易获得穿堂风。建筑体量大而又要保持最小的体形系数，进深会过大，需要设置复杂的人工环境，但这会导致建筑在照明和通风方面耗能多，其实并不节能。所以对于大体量建筑，获得较好自然通风的策略是控制建筑进深。一般来说，建筑进深不应超过层高的 5 倍[19]。可将建筑设计成"一"字形平面组合，如"L"形、"C"形、"口"形、风车形，以兼顾自然通风和采光（图 3-7）。这与传统建筑的形体设计原理相似，传统建筑就多采用这些基本单元组成合院，单进房屋的进深都不大，通常前后都有院，容易获得穿堂风。

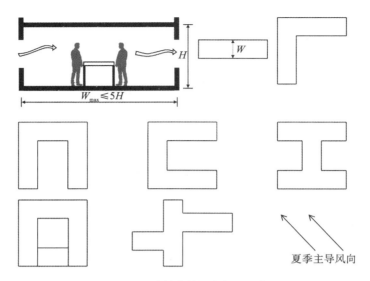

夏季主导风向

图 3-7　建筑自然通风布局设计

3.5.2　天井设计

天井是指庭院中房与房之间或房与围墙之间围成的露天空地[18]。四面有房屋，三面有房屋、另一面有围墙或两面有房屋、另两面有围墙时，中间的空地均可称为天井。天井是南方房屋结构的组成部分，一般位于单进或多进房屋的前后正间之中，两边被厢房包围，宽与正间相同，进深与厢房等长。因其面积较小，光线被高屋围挡，显得较暗，状如深井，故名天井。在徽派建筑中，在正堂前的中央部位常设有一个直通屋面的天井，起到通风、采光的作用，如今在皖南一带的老房子里仍然可以看到天井（图 3-8）。

图 3-8　徽派建筑天井结构

以风压通风为主时，气流经过建筑的时候，天井内产生负压，天井内的空气被吸走，建筑室内的空气补充天井，由此形成了空气循环。但是天井下风向的房屋处于背风区，呈多进天井式布局时，下风向被遮挡的房屋更多，通风效率不高。天井内气流衰减较为明显，衰减度与天井尺度有关系。通常顺着风向的天井高宽比越大，衰减越明显。高宽比为 1 ∶ 1 的天井内平均风速仅有 20%，而 1 ∶ 6 的天井内风速可达 97%[20]，一般天井需要采取措施增加通风。传统民居中有诸多经验，例如增加通风弄、采用前低后高的布局、利用热压通风等（图 3-9）。当天井前后建筑为前低后高时，后面建筑的迎风面形成正压，可以引导自然风从天井进入建筑内部。广东的竹筒屋和泉州手巾寮就采用了这种策略来加强多层民居的自然通风。

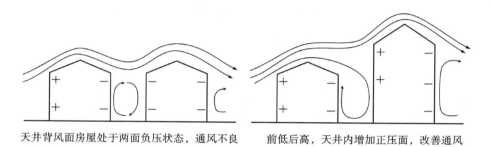

天井背风面房屋处于两面负压状态，通风不良　　　　前低后高，天井内增加正压面，改善通风

图 3-9　天井自然通风设计

天井也是热压通风的启动器。受太阳照射，天井上部空气温度升高较快，而天井下部空气由于遮阳的作用温度较低，由此形成上下温度差，空气上升，从而带动了空气循环。热压通风的效果和温度差、高度差成正比，所以高深的天井和好的遮阳效果能促进热压通风。民居中天井口的空气因受旁边屋顶瓦的热辐射而升温，深色轻质的瓦是热容较小的蓄热体，受太阳照射时升温较快，有利于加热天井口空气；天井底则应尽量避免太阳直射，地面采用蓄热大的重质材料，并利用水体和植被蒸腾作用来降温。这样，天井上下温差被尽量加大，有利于组织自然通风。对皖南民居的实测证明，皖南民居天井内上下温差可达 1 ～ 3 ℃。这是单个天井的热压通风组织原理。多个天井存在于建筑群中时，各个天井之间由于尺寸、遮阳措施的不同，也会产生温度差，这种温度差也会带动建筑内部的空气流动，空气从密度较大的低温天井向密度较小的高温天井流动。这种情况在高低错落的多层建筑中尤其明显。传统民居竹筒屋或手巾寮中，前后几进天井的温度分布一般为南高北低。南面的天井或者放大的院子接受太阳辐射，北面的天井通过尺度变化和遮阳措施减少太阳辐射，由此形成前后温度差，空气从冷天井向热天井移动（图 3-10）。大尺度的天井容易得热，小尺度的天井遮阳降温效果较好，所以在建筑设计中应结合地方气候考虑天井尺度。北方的四合院尺度较大，因为它的主要作用是冬季得热；皖南的天井尺度狭小，因为它的主要作用是夏季遮阳。就热压通风而言，如果是单个天井，狭小天井比大天井容易实现热压通风；有多个天井时，宜有不同尺度和遮阳措施，由此加大热压差。不同天井适合不同季节使用，如冬季的得热天井、夏季的遮阳天井。

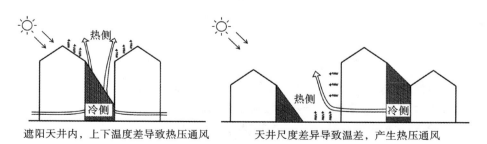

遮阳天井内，上下温度差导致热压通风　　　　天井尺度差异导致温差，产生热压通风

图 3-10　天井热压通风方法

3.5.3 开口设计

开口设计的主要目标是获得穿堂风。当外墙上的气流进口和气流出口之间有一个贯通的气流通道时就产生了穿堂风。建筑相对面设置可开启的窗户，就容易获得穿堂风。建筑进深不宜大于层高的 5 倍，进风口和出风口的相对位置和大小对气流组织有相当的影响。

图 3-11 中显示了剖面中开口位置不同时气流的分布特点。由于惯性作用，室内气流分布主要由进风口位置决定。有穿堂风存在的室内，窗台高度以下的气流速度大大降低，从而影响窗台以下室内的热舒适性。所以窗台高度不能过高，以在地板以上 0.5 ~ 1.5 m 范围内为宜。较低的进风口可以使人的活动区获得较好通风。出风口位置靠上时能同时有利于风压和热压通风。所以一般情况下，有利的气流模式是低进高出。当代建筑内部一般都有较多热源，空气加热后上升容易在顶棚形成热池，如果在较高位置有通风口，热空气就能顺利逸出。传统坡顶建筑中，通常在山墙顶端都有通风孔，有利于热压通风。

同样的开口位置在不同的风向条件下有不同的表现。总的说来，平面上开口的最有利位置是迎风面和背风面同时有开口，侧面开口次之。相邻两侧开窗时，要避免窗户靠太近而导致气流短路，只有一面外墙可开窗时，宜开两个以上的窗户，两窗适当拉开距离以获得风压差。根据文丘里效应，气流通道变小时，气流速度增加，压力变小。

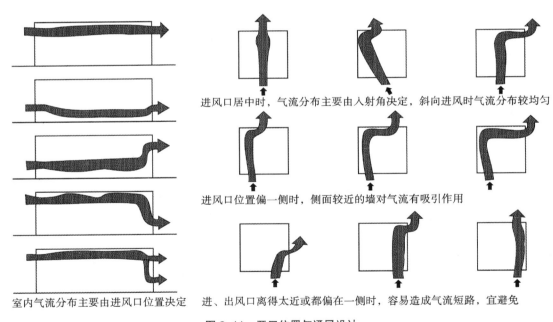

进风口居中时，气流分布主要由入射角决定，斜向进风时气流分布较均匀

进风口位置偏一侧时，侧面较近的墙对气流有吸引作用

室内气流分布主要由进风口位置决定

进、出风口离得太近或都偏在一侧时，容易造成气流短路，宜避免

图 3-11　开口位置与通风设计

3.5.4 导风设计

建筑形体本身设计得当的话，能起导风作用。比如形体错动可以增加压力差，加强穿堂风效果。锯齿形窗能改变气流的方向，文丘里效应也能用来加强通风。风流经漏斗形空间时，气流通道被压缩，风速加强。"八"字墙和入口结合，可加强穿堂风效果（图 3-12），传统建筑中有类似的经验。受此启发，可在建筑开口处形成类似喇叭形的空间。

导风板是针对气流引导的开口设计，它利用构件来增加开口处风压和改变气流方向，其原理和遮阳板的导风作用相似。板片迎风时，正面为正压区，背面为负压区，两者都可以被用来加强通风，希望增加进风口流速时，利用板片正压区，结合出风口则利用板片负压区。

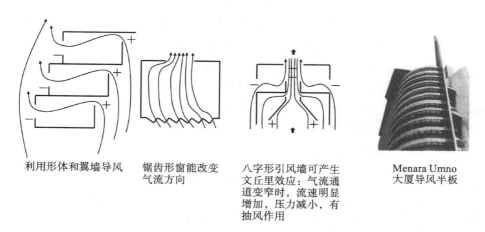

利用形体和翼墙导风　　锯齿形窗能改变　　八字形引风墙可产生　　Menara Umno
　　　　　　　　　　气流方向　　　　文丘里效应：气流通　　大厦导风半板
　　　　　　　　　　　　　　　　　　道变窄时，流速明显
　　　　　　　　　　　　　　　　　　增加，压力减小，有
　　　　　　　　　　　　　　　　　　抽风作用

图 3-12　形体导风措施

3.5.5　通风塔结构

通风塔是能同时利用风压通风和热压通风的系统，它来自传统的智慧。现在进一步发展出了许多类型的通风塔装置，如采光通风塔、可旋转的通风塔、蒸发冷却塔等。有些地区也叫它捕风塔。顾名思义，它可以捕捉来风。通风塔开口向着来风方向时，风经通风塔进入室内。当室外温度适宜的时候（通常是低于 7 月平均温度时），通风塔可以通过加强通风增加室内舒适度。通风塔开口背向来风方向时，也能实现室内通风。它的原理是在背风面开口处形成负压，室内空气逸出，来自天井的较凉爽空气替代了原来的热空气。当常年主导风向较稳定时，通风塔可以是单向的，迎着风向时它是进风口，背着风向时它是出风口。也有多方向的通风塔，适用于风向多变的地区，同样，开口也是根据来风方向形成进风口和出风口（图 3-13）。

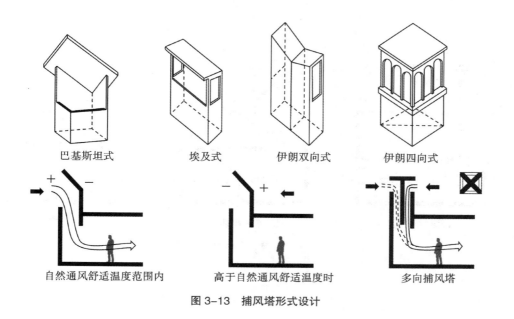

巴基斯坦式　　　埃及式　　　　伊朗双向式　　　伊朗四向式

自然通风舒适温度范围内　　高于自然通风舒适温度时　　多向捕风塔

图 3-13　捕风塔形式设计

除了利用风压，通风塔还可以利用热压进行通风，也就是所谓的烟囱效应。热空气比冷空气的密度小，产生浮力而上升，这是烟囱效应的原理。热压通风的效果与温度差和高度差成正比。利用烟囱效应时，通风塔开口为出风口，进风口位置较低且面向凉爽处，比如天井底部。这样，在温度差一定的情况下，进、出风口的高度差最大化可加强热压通风效果。在高度一定的情况下，还可以利用太阳能提高出风口处的温度，这就是所谓的太阳能烟囱。通风塔开口要位于高处，开口处的设计要避免形成倒灌，要么背向主导风，要么设计成风帽形式。比起风压通风，通风塔的热压通风具有两点优势。首先，利用热压的通风塔对自然风的依赖小，可获得稳定的通风动力，它在设计初期就可以利用计算模拟对其能效进行控制，使通风达到预期的效果。其次，它可以解决大进深建筑的通风问题。进深太大，建筑内部不容易获得穿堂风，但是可以通过竖向的通风塔解决内部的自然通风问题。考文垂大学的图书馆等大体量建筑都采用了这一策略。

3.5.6　太阳能烟囱

太阳能烟囱是一种强化烟囱效应的特殊通风塔。通风塔的热压通风动力来自高度差和温度差。要加大高度差，就应尽可能在高处安排出风口，在低处安排进风口，其高度差受建筑设计的限制较多。温度差是指内外温度差，要加大温度差，主要措施是被动利用太阳能加热出风口内的空气，让其温度高于室外温度。

太阳能烟囱是被动利用太阳能加强热压通风的系统。太阳能烟囱通常有一个或者多个壁面是由玻璃构成的透明墙体，可以利用透过壁面的太阳辐射热增大烟囱内外温差，从而增加浮力和热压，促进室内外空气的流动。可以利用烟囱效应的抽吸作用增强自然对流，增加室内通风量，并促使气流低进高出，将热气和废气及时排出。太阳能烟囱通风属于热压通风，与通风塔类似，它的动力同样来自高度差和温度差，通风系统的设计也要满足低进高出原则。设计太阳能烟囱主要有两个要点：①太阳能烟囱与建筑一体化；②提高温度差。

太阳能烟囱与建筑一体化的方式有三类：墙体集热式、屋顶集热式、综合式（图3-14）。墙体集热式是将太阳能烟囱与立面墙体结合，比如特朗勃墙体系。屋顶集热式通常将倾斜的太阳能集热器置于屋顶，它和坡屋顶的结合较好，英国BRE生态环境楼采用了立面式的太阳能烟囱，五个南面的"烟囱"伸出屋面，它们的下部是玻璃砖材质，可以透过太阳辐射，上部是深色金属烟囱，也可以吸收太阳辐射（图3-15）。综合式集合了墙体集热式和屋顶集热式，能更有效地加强自然通风。

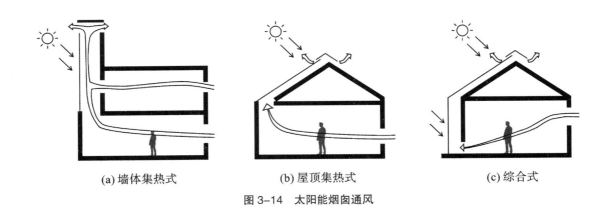

(a) 墙体集热式　　　　　　　(b) 屋顶集热式　　　　　　　(c) 综合式

图3-14　太阳能烟囱通风

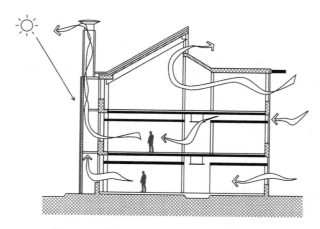

图 3-15　英国 BRE 生态环境楼太阳能烟囱

3.5.7　双层幕墙

　　双层表皮是在围护结构中被动利用太阳能组织空气流动以提高室内舒适度的一种间接通风方式。这种方式也利用了热压通风原理。它是西方国家生态建筑中经常采用的一项技术，被誉为"会呼吸的皮肤"。双层表皮的最初雏形是 1881 年美国的爱德华·莫尔斯（Edward S.Morse）发明的太阳能采暖装置。他发现将建筑朝阳面的窗户关闭后，窗户与深色窗帘之间有热气流产生，他以此为灵感设计了一种太阳能采暖装置[17]（图 3-16），并把它应用到了建筑设计中，据观察，空气流经加热器增温明显。以此为原型，后来发展出了双层表皮技术。双层表皮可以是外层透明材料加内层常规墙体（图 3-17），也可以是多层玻璃加百叶。

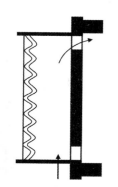
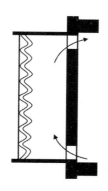
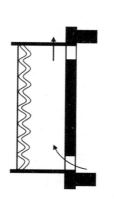

图 3-16　爱德华·莫尔斯设计的太阳能采暖装置

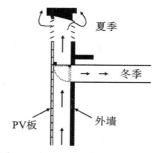

夏季，上升气流可对PV板和外墙进行降温；冬季，热空气被导入建筑北面

图 3-17　透明材料加常规墙体的双层表皮

　　双层玻璃幕墙是其中最具代表性的，它一般由双层玻璃或三层玻璃组成，两层玻璃之间留有一定宽度的空隙形成空气夹层，通常还配有可调节的深色百叶。在冬季，空气夹层和百叶可以形成一个利用太阳能加热空气的小型温室装置，通过蓄热提高建筑外墙表面温度，有利于建筑的保温采暖；在夏季，则可以利用热压原理将热空气不断从夹层上部排出，达到降温的目的。对于高层建筑来说，直接对外开窗容易造成紊流，不易控制，而双层玻璃幕墙能够很好地解决这一问题。窗户向立面夹层开启，间接获得自然通风。如果在双层玻璃幕墙上设计可开关的通风孔，根据不同的季节或者不同时间段调节气流组织模式，又可进一步增强幕墙的气候适应性，这种双层玻璃幕墙又称为通风式节能幕墙或呼吸式玻璃幕墙。通风式节能幕墙的中间夹层为通风换气层，它利用了烟囱效应与温室效应的原理，夹层内部空气由于太阳辐射热而实现对流和换热。呼吸式玻璃幕墙根据通风层结构的不同可

分为封闭式内循环体系和敞开式外循环体系（图3-18）。封闭式内循环体系一般在寒冷地区使用，夹层主要起保温作用。敞开式外循环体系适用于夏热冬冷地区，夏季打开风口，夹层内部产生烟囱效应，被加热空气上升逸出产生对流，降低内层玻璃的温度；冬季关闭风口，夹层内产生温室效应，有效提高了内层玻璃温度。通风节能环保幕墙比传统幕墙采暖时节能42%～52%，制冷时节能38%～60%。双层玻璃幕墙在冬季和过渡季节使用的优点是显而易见的，然而在夏季的使用存在一定风险，由于大量使用玻璃，在夏季可能会增加太阳辐射得热而使夹层内温度升高，从而引起室内过热并且引起能耗增加。

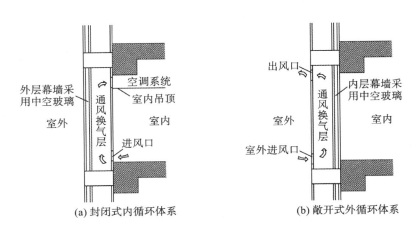

图3-18　呼吸式玻璃幕墙

3.6　建筑自然通风发展趋势

3.6.1　发展通风适宜技术

建筑通风的发展似乎经历了一个循环，工业化时代机械通风否定了自然通风，现如今自然通风又重新被重视。当然，现在的自然通风观已不是前工业时代的自然通风观，大量的知识储备丰富了我们对自然通风的认识。在这些知识储备中，传统技术是宝贵的财富。我们的祖先们在有限条件下适应自然环境，获得了与自然和谐相处的建筑营造经验，这些经验在现在看来是科学的、适宜的、绿色的。从传统技术中汲取营养，是当代适宜技术的重要内容。适宜技术是以现代技术为平台的多样化技术体系，它在实践中的应用策略体现在对现有技术的综合应用中，它对待传统技术的态度是兼容并蓄。传统通风技术中回应地方气候的基本原理在当代依然具有价值，辅以现代技术的支持，它们能重新获得适宜性。现代材料技术、构造技术、施工技术的改造可以使传统技术在功能性、经济性方面都得到拓展。现代建筑技术回应气候的方式中，或多或少都会借鉴传统技术的原理，以充分利用阳光、空气、水、土壤或者植被等资源。

通风适宜技术的目标是通过建筑本身的科学设计来回应地方环境，以较小代价达到舒适性与节能性的平衡，它在未来有很大的发展潜力。由于适宜技术不需要复杂高深的技术支持，在方案设计中就可以将其概念贯穿，因此建筑师在挖掘通风适宜技术的工作中大有可为。

3.6.2　多元通风策略

自然通风是解决建筑通风问题的手段之一，在某些场合它的应用有一定局限性，比如寒冷的冬天或者炎热的夏天，纯粹自然通风可能会降低室内舒适性，这时候就需要使用机械设备调节空气。由此就产生了在同一建筑中同时存在自然通风系统与机械通风系统的情况。

多元通风系统是一个能够在不同时间、不同季节利用自然通风和机械通风的混合系统。它的基本原理是在机械通风和自然通风之间切换以维持良好的室内环境，减少全年内空调系统使用时间，从而达到节能效果。系统运行模式随着季节变化而改变，或者在每天的不同时间段都适应外部环境状况。多元通风系统采取何种通风方式由建筑、内部负荷、自然驱动力和外部环境决定，应以最节能的方式满足内部环境的需求，并能最大限度地利用周围的能量。控制策略是其中较为关键的环节，需要在运行高级自动控制设备和使用者直接控制二者之间找到一个平衡点。

3.6.3 按需通风与微型机电技术

需求控制通风（demanded-controlled ventilation, DCV）能根据室内空气质量变化自动控制通风量，从而达到节能效果。一般 DCV 由传感器、控制系统和传统送风系统组成。目前的 DCV 系统传感器以及控制系统较昂贵，且监测参数有限，一般仅限于相对湿度、CO_2 浓度等。MEMS（micro-electro-mechanical system）技术的发展能弥补 DCV 的不足，MEMS 的微型芯片中集成了电子和机械功能，是未来传感器的发展方向。这种传感器选择性强、成本低，能直接监测室内空气的各种参数，它甚至能实时确定室内环境任意位置的空气品质指标。DCV 或 MEMS 目前被用于空调系统中实现智能化楼宇管理，但在将来的自然通风或者多元通风建筑中，此类技术将得到普及。自然通风的缺点就是它具有随机性以及不可控性，但是通过 DCV 或 MEMS 系统，自然通风建筑内也可以实现自动控制，从而进一步实现建筑通风的舒适度与节能性的高度协调。

3.7 小结

建筑能耗一直呈现体量大、增速快等特点，其中大部分能源被用于供暖、空调与通风领域。除机械通风系统以外，利用当地自然能源与合理的建筑自然通风设计，可以在不依赖传统能源的前提下，较好地实现建筑室内通风换气。住宅新风系统从最原始的自然通风，到社会工业化发展中广泛使用的机械通风，再到现代被动式建筑设计中重新强调的采用自然通风实现室内新风供给，体现了现代建筑对舒适、健康、节能、环保多重目标的追求。本章重点从被动式强化自然通风设计角度为建筑自然通风设计提供参考，旨在通过介绍典型的被动式自然通风技术实现住宅建筑的新风供给，并结合新技术的发展展望建筑自然通风发展趋势。

参考文献

[1] IEA 国际能源署 . 2019 global status report for buildings and construction[R]. 2020.

[2] 清华大学建筑节能研究中心 . 中国建筑节能年度发展研究报告 2020（农村住宅专题）[M]. 北京：中国建筑工业出版社，2020.

[3] 住房和城乡建设部科技与产业化发展中心，被动式低能耗建筑产业创新战略联盟，江苏南通三建集团股份有限公司 . 中国被动式低能耗建筑年度发展研究报告 2017[M]. 北京：中国建筑工业出版社，2017.

[4] Hauser G, Minke G, Bansal N K. Passive building design: A handbook of natural climatic control[J]. Journal of Bioscience & Bioengineering, 1994, 110:582-587.

[5] Gonzalo R, Vallentin R. Passive House Design[M]. Munich: Detail Business Information GmbH,

2014.

[6] James M, Bill J. Passive House in Different Climates: The Path to Net Zero[M]. Oxford: Taylor & Francis, 2016.

[7] 周正楠. 对欧洲"被动房"建筑的介绍与思考 [J]. 建筑学报，2009(5):10-13.

[8] 邱静，李保峰，邱裕. 被动式蒸发冷却下向通风降温技术在中庭中应用的思考 [J]. 华中建筑，2011(11):60-63.

[9] 杨欢欢. 被动式建筑设计策略应用研究 [D]. 武汉：华中科技大学，2006.

[10] 殷超杰. 夏热冬冷地区被动式建筑设计策略应用研究 [D]. 武汉：华中科技大学，2007.

[11] 中华人民共和国住房和城乡建设部，国家市场监督管理总局. 近零能耗建筑技术标准：GB/T 51350—2019 [S]. 北京：中国建筑工业出版社，2019.

[12] 刘铮，刘加平. 蒙族民居的热工特性及演变 [J]. 西安建筑科技大学学报（自然科学版），2003(2):103-106.

[13] 汤国华. 广州近代民居构成单元的居住环境 [J]. 华中建筑，1996(4):108-112.

[14] 林波荣，谭刚，王鹏，等. 皖南民居夏季热环境实测分析 [J]. 清华大学学报（自然科学版），2002,42(8): 1071-1074.

[15] 林波荣，王鹏，赵彬，等. 传统四合院民居风环境的数值模拟研究 [J]. 建筑学报，2002(5):47-48.

[16] 李延俊，杜高潮. 河西走廊传统生土民居生态性解析 [J]. 小城镇建设，2009(1):27-29.

[17] 陈晓扬，郑彬，候可明，等. 建筑设计与自然通风 [M]. 北京：中国电力出版社，2011.

[18] 李晓峰. 建筑自然通风设计与应用 [M]. 北京：中国建筑工业出版社，2018.

[19] 阿尔温德·克里尚，尼克·贝克，西莫斯·扬那斯，等. 建筑节能设计手册：气候与建筑 [M]. 刘加平，张继良，谭良斌，译. 北京：中国建筑工业出版社，2004.

[20] Dekay M, Brown G Z. Sun, Wind & Light: Architecture Design Strategies[M]. New York: John Wiley & Sons, 2001.

4

新风量计算与分析

新风量的计算是新风系统设计的基础，德国、英国、美国和中国等国家的相关机构或组织都制定了各自的住宅建筑新风系统标准。尽管各个标准之间存在一定差异，但新风量的计算方法大体上都可归纳为两类：规定设计法（prescriptive design procedure）和性能设计法（performance design procedure）。规定设计法根据经验数据得到的面积指标来计算新风量，由早期的"通风量法"（ventilation rate procedure）改进得到。在国内外住宅新风系统设计标准中，规定设计法的具体算法也不同。本章第一节和第二节分别介绍我国标准《住宅新风系统技术标准》（JGJ/T 440—2018）[1]和美国标准《Ventilation and Acceptable Indoor Air Quality in Residential Buildings》（ANSI/ASHRAE 62.2-2016）[2]中新风量的计算方法。性能设计法则考虑各个污染物的散发速率和室内允许的污染物浓度计算新风量，本章第三节对性能设计法进行详细介绍。最后，本章针对一具体住宅，展示不同设计方法下新风量计算过程，对比分析不同设计方法结果。

4.1 根据《住宅新风系统技术标准》设计新风量

4.1.1 最小设计新风量

新风系统的新风量可分为最小设计新风量、卧室和起居室的新风量两部分来计算，其中最小设计新风量为最低应满足的新风量。最小设计新风量宜采用换气次数法来确定，可按公式（4-1）计算：

$$Q_{min} = F \times h \times n \qquad (4-1)$$

式中：Q_{min}——最小设计新风量，m^3/h；

F——居住面积，m^2；

h——房间净高，m；

n——最小设计新风量设计换气次数，次/h，按表4-1选取。

表4-1 最小设计新风量设计换气次数

人均居住面积 F_p	换气次数 n
$F_p \leq 10\ m^2$	0.70 次/h
$10\ m^2 < F_p \leq 20\ m^2$	0.60 次/h
$20\ m^2 < F_p \leq 50\ m^2$	0.50 次/h
$F_p > 50\ m^2$	0.45 次/h

注：人均居住面积为居住面积除以设计人数或实际使用人数。

4.1.2 卧室和起居室的新风量

卧室和起居室的新风量设计应分别按设计人数或实际使用人数、住户设计总人数或实际使用总人数，采用换气次数法来计算，换气次数的取值应符合表4-1的规定。同时，对于卧室，还应考虑满足室内 CO_2 浓度限值所需的新风量，并取较大者作为卧室的新风量设计值。满足室内 CO_2 浓度限值所需的新风量应按下式计算：

$$Q_b = 0.1 \times \frac{x_C}{y_{C2} - y_{C0}}$$

(4-2)

式中：Q_b——卧室新风量，m^3/h；

x_C——室内 CO_2 散发量，L/h，按室内人数和每人呼出的 CO_2 量进行计算，可参考表 4-2；

y_{C2}——室内 CO_2 体积浓度限值，%，取 0.1% 或按表 4-3 选取，也可根据实际设计要求选取；

y_{C0}——室外 CO_2 体积浓度，%，取 0.04%。

表 4-2　人体在不同状态下的 CO_2 呼出量 [3]

工作状态	CO_2 呼出量 /[L/（h·人）]	CO_2 呼出量 /[g/（h·人）]
安静时	13	19.5
极轻的工作	22	33
轻劳动	30	45
中等劳动	46	69
重劳动	74	111

表 4-3　不同场所的 CO_2 允许浓度 [3]

房间性质	CO_2 的允许浓度 /（L/m³）	CO_2 的允许浓度 /（m³/m³）
人长期停留的地方	1	0.1%
儿童和病人停留的地方	0.7	0.07%
人周期性停留的地方（机关）	1.25	0.125%
人短期停留的地方	2.0	0.2%

4.1.3　系统新风量

新风系统的总设计新风量，应取按换气次数计算的最小设计新风量、按卧室和起居室计算的新风量之和中的较大值。

4.2　根据 ANSI/ASHRAE 62.2-2016 设计新风量

当住宅单元安装机械排气/补风或两者结合的系统时，应以不低于下面规定的通风量来为房间提供新风。

4.2.1　总新风量

所需总新风量（total ventilation rate，Q_{tot}）应符合表 4-4 的规定，或者使用公式（4-3）计算得出：

$$Q_{tot} = 0.15A_{floor} + 3.5(N_{br} + 1)$$

(4-3)

式中：Q_{tot}——所需总新风量，L/s；

A_{floor}——住宅单元地板面积，m^2；

N_{br}——卧室数量（不少于 1）。

表 4-4　ANSI/ASHRAE 62.2-2016 新风量要求　　　　　　新风量单位：L/s

地板面积 /m^2	卧室数量				
	1	2	3	4	5
< 47	14	18	21	25	28
47～93	21	24	28	31	35
94～139	28	31	35	38	42
140～186	35	38	42	45	49
187～232	42	45	49	52	56
233～279	49	52	56	59	63
280～325	56	59	63	66	70
326～372	63	66	70	73	77
373～418	70	73	77	80	84
419～465	77	80	84	87	91

4.2.2　考虑渗透通风情况下的机械新风量

一般情况下可直接使用总新风量对系统新风量进行设定，如果进行了气密性检测（blower door test），则新风系统所需的机械新风量，即新风系统承担的新风量，可以用总新风量与渗透风量之差计算得到，如公式（4-4）所示。

$$Q_{fan} = Q_{tot} - (Q_{inf} \times A_{ext})$$

（4-4）

式中：Q_{fan}——所需机械新风量，L/s；

Q_{tot}——所需总新风量，L/s；

Q_{inf}——年平均有效渗透量，不得大于 2/3 倍的 Q_{tot}，L/s；

A_{ext}——对于单户独立式住宅，为 1，对于与其他住宅单元相连的住宅，该值为未附着在其他表面的外部围护表面积与总围护表面积之比。

其中，年平均有效渗透量（Q_{inf}）应使用归一化渗漏量（normalized leakage）来计算。通过使用美国材料与试验协会（American Society for Testing and Materials）的 ASTM E779[4] 风扇增压法测定空气渗漏率的试验方法，可以得到有效渗漏面积（effective leakage area），进而可以计算出归一化渗漏量。

在 ASTM E779 方法中，采用了 4 Pa 参考压力下的加压和减压的渗漏面积的平均值，如公式（4-5）所示。

$$ELA = (L_{press} + L_{depress}) / 2$$

（4-5）

式中：ELA——有效渗漏面积，m^2；

L_{press}——加压渗漏面积，m^2；

$L_{depress}$——降压渗漏面积，m^2。

得到有效渗漏面积后，可以通过公式（4-6）计算归一化渗漏量。

$$NL = 1000 \times \frac{ELA}{A_{floor}} \times \left[\frac{H}{H_r}\right]^z \tag{4-6}$$

式中：NL ——归一化渗漏量；

ELA——有效渗漏面积，m^2；

A_{floor}——住宅单元地板面积，m^2；

H——压力边界内最低和最高海拔点之间的垂直距离，m；

H_r——参照高度（2.5 m）；

z——0.4，计算系数。

得到归一化渗漏量后，可以通过公式（4-7）计算年平均有效渗透量。

$$Q_{inf} = \frac{NL \times WSF \times A_{floor}}{1.44} \tag{4-7}$$

式中：Q_{inf}——年平均有效渗透量，L/s；

NL——归一化渗漏量；

WSF——天气和遮挡系数（由不同地点的天气站实际测量得到，没有实测数据时可取 1 ）；

A_{floor}——住宅单元地板面积，m^2。

4.3 性能设计法

性能设计法由早期的室内空气品质法发展而来。这种方法的目的在于使室内空气维持一定的品质。性能设计法针对特定空间内影响健康和舒适的每种污染物，根据预计的污染源散发强度以及从健康和舒适方面考虑各自允许的最大浓度，运用质量守恒方程计算新风量，取最大值作为该空间需要的最小新风量，即

$$V_0 = \frac{N}{C_s - C_0} \tag{4-8}$$

式中：V_0——新风量，m^3/h；

N——污染物散发量，g/h；

C_s——从舒适和健康角度所确定的污染物浓度限值，g/m^3；

C_0——送入新风中污染物浓度，g/m^3。

4.4 污染物散发量计算

在使用性能设计法进行新风量计算时，首先需要确定室内的污染源及其对应的散发量[5, 6]。室内污染源主要包括人员带来的污染（主要为CO_2）和建筑材料带来的污染（如 VOC 等）。

4.4.1 人员 CO_2 散发量

人体散发的 CO_2 量与人的活动状态有关，活动强度越大，CO_2 释放量越大。在设计新风量时，需要考虑人的活动状态。根据文献[4]，不同状态下，人的 CO_2 呼出量可按表 4-2 选取。对于建筑房间内不同区域，CO_2 的限制要求也存在差别，在室内典型区域 CO_2 的允许浓度见表 4-3。

4.4.2 建筑材料污染物散发量

建筑材料污染物散发源主要为室内干性多孔材料，包括地毯、聚乙烯地板、人造板等散发出来的各类 VOC 气体（如苯系物、酮类、胺类、烷类和烯类等）。根据不同污染物的扩散率，可计算建筑所需要的最小新风量。

建材表面向室内散发 VOC 是浓度梯度、压力梯度、温度梯度及密度梯度共同作用的结果，可根据菲克第二定律（Fick's second law）描述该过程，如公式（4-9）所示：

$$\frac{\partial C_t}{\partial t} = D(\nabla^2 C_0) \tag{4-9}$$

式中：D——建筑材料中 VOC 的扩散系数，m^2/s；

$\qquad \nabla$——x, y, z 坐标轴上的拉普拉斯算子；

$\qquad C_t$——VOC 在空气中的浓度，mol/m^3 或 kg/m^3；

$\qquad C_0$——VOC 在建筑材料中的浓度，mol/m^3 或 kg/m^3；

$\qquad t$——释放时间，s。

在过去的 20 多年里，为研究污染物扩散问题，很多学者结合传质过程和扩散规律，建立了 40 多种解析和半解析的传质方程模型，其中应用最多的是 VOC 释放过程的控制扩散（diffusion-control）理论，其中传质系数 D、分配系数 K、建材内初始浓度 C_0 是三个最重要的参数，这三个参数往往需要通过实验获得。其中分配系数 K 代表处于平衡状态下建材相浓度与气相浓度的比例，如公式（4-10）所示。

$$K = \frac{C(x, t)|_{x=L}}{y(t)} \tag{4-10}$$

在新风量的计算过程中，重点关注的是 VOC 从建材内部向室内空气扩散的这一过程，可以使用无量纲时间参数傅里叶数对这一过程进行简化分析。下面分别介绍基于上述过程的特性散发率计算法和两阶段散发率计算法。

4.4.3 特性散发率计算法

在考虑长期散发过程的平均特性散发率时，K 值影响不大，可以忽略。无量纲的传质傅里叶数可用公式（4-11）表示。

$$Fo_m = \frac{D_i t}{L_i^2} \tag{4-11}$$

式中：D_i——第 i 种建筑材料中 VOC 的扩散系数，m^2/s；

　　L_i——第 i 种建筑材料的厚度，m；

　　t——释放时间，s；

　　i——建筑材料种类，$i=1,2,\cdots,n$。

当 $Fo_m=2.0$ 时，可认为释放过程几乎完成。对应的特征释放时间 t_i 如公式（4-12）所示：

$$t_i = \frac{Fo_m L_i^2}{D_i} = \frac{2.0 L_i^2}{D_i} \tag{4-12}$$

第 i 种建筑材料相应的特征释放速率 E_i 以及特征释放因子 F_i 分别如公式（4-13）和公式（4-14）所示：

$$E_i = \frac{3600 M_i}{t_i} = \frac{3600 C_{0i} L_i A_i}{2 L_i^2 / D_i} = \frac{1800 C_{0i} D_i A_i}{L_i} \tag{4-13}$$

式中：E_i——第 i 种建筑材料中 VOC 的特征释放速率，$\mu g/h$；

　　M_i——第 i 种建筑材料中释放的 VOC 的质量，μg；

　　C_{0i}——第 i 种建筑材料中初始可散发浓度，$\mu g/m^3$；

　　A_i——第 i 种建筑材料暴露的表面积，m^2。

$$F_i = \frac{E_i}{A_i} = \frac{1800 C_{0i} D_i}{L_i} \tag{4-14}$$

式中：F_i——第 i 种建筑材料中 VOC 的特征释放因子，$\mu g/(m^2 \cdot h)$。

如果 C_{0i} 和 D_i 已知，L_i 可以测量得到，则特征释放因子 F_i 和特征释放时间 t_i 可以直接得到。假设房间中 VOC 混合均匀，则由建筑材料释放的 VOC 的特征浓度可由公式（4-15）计算得到。

$$y_i = \frac{E_i}{VN} = \frac{F_i A_i}{VN} = \frac{1800 C_{0i} D_i A_i}{L_i VN} \tag{4-15}$$

式中：y_i——第 i 种建筑材料中释放的 VOC 的特征浓度，$\mu g/h$；

　　V——房间体积，m^3；

　　N——换气次数，h^{-1}。

为满足卫生要求，需使 $\sum_{i=1}^{n} y_i \leq C$，其中 C 为污染源的浓度限值（$\mu g/m^3$），则新风的最小换气数为：

$$N = \frac{\sum_{i=1}^{n} E_i}{CV} = \frac{\sum_{i=1}^{n} F_i A_i}{CV} = \frac{1800}{CV} \sum_{i=1}^{n} \frac{C_{0i} D_i A_i}{L_i} \tag{4-16}$$

当房间有多种污染源时，需使每种 VOC 均满足卫生浓度要求，则每种 VOC 对应的新风最小换气数为：

$$N_j = \frac{\sum_{i=1}^{n} E_{ij}}{C_j V} = \frac{1}{C_j V} \sum_{i=1}^{n} F_{ij} A_i = \frac{1800}{C_j V} \sum_{i=1}^{n} \frac{C_{0ij} D_{ij} A_i}{L_i} \tag{4-17}$$

式中：N_j——第 j 种 VOC 满足卫生标准时所需最小换气次数，h^{-1}；

$\quad C_j$——第 j 种 VOC 满足卫生标准时的浓度限值，$\mu g/m^3$；

$\quad C_{0ij}$——第 i 种建筑材料中第 j 种 VOC 的初始可散发浓度，$\mu g/m^3$；

$\quad D_{ij}$——第 i 种建筑材料中第 j 种 VOC 的扩散系数，m^2/s；

$\quad j$——VOC 种类，$j=1,2,\cdots,m$。

因此，为使室内污染物浓度满足要求，房间所需的新风量为：

$$N = \max\{N_j\}, \quad j = 1, 2, 3, \cdots, m \tag{4-18}$$

4.4.4 两阶段散发率计算法

在特性散发率计算法中，新风量的计算基于污染物扩散稳定的条件，实际上污染物的扩散率随时间变化，在初期扩散率较高，若仍采用特性散发率计算法，可能会低估室内 VOC 的浓度，这是由于特性散发率计算法代表污染物释放到某一程度时的平均散发水平。当考虑污染物扩散率随时间变化时，可采用两阶段散发率计算法。当 $Fo_m=2.0$ 时认为释放过程完全完成，而 $Fo_m=0.2$ 时认为是释放过程从非稳态进入稳态的一个转折点，对应的非稳态阶段释放时间 t_i' 如公式（4-19）所示：

$$t_i' = \frac{Fo_m L_i^2}{D_i} = \frac{0.2 L_i^2}{D_i} \tag{4-19}$$

图 4-1 是建筑材料两阶段释放过程的试验箱示意图。可以看出，建筑材料中 VOC 的释放大部分时间都处于稳态状态，长期的散发率低于特性散发率。

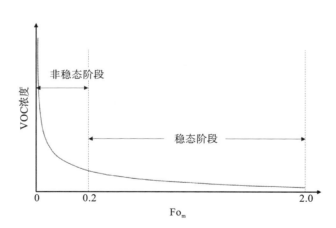

图 4-1　建筑材料两阶段释放过程

1. 非稳态阶段

当房间中多种污染源共存时，K 值的影响在非稳态阶段不能被忽略，此时，有一种材料为某种 VOC 的主导污染源，该材料将主导该种 VOC 的释放过程。非稳态阶段的平均释放速率如公式（4-20）所示。

$$E_j' = \max\left\{\frac{3600Q}{t_{ij}'} \int_0^{t_{ij}'} y_{\exp,ij}(t)\,d(t)\right\}, \quad i = 1, 2, 3, \cdots, n \tag{4-20}$$

式中：E'_j——非稳态阶段第 j 种 VOC 的平均释放速率，μg/h；

    $y_{\exp,ij}(t)$——第 i 种建筑材料中第 j 种 VOC 的实时浓度，μg/m³；

    Q——建筑材料测试时试验箱的气流速度，m³/s；

    t'_{ij}——非稳态阶段第 i 种建筑材料中第 j 种 VOC 的施放时间，s。

$$t'_{ij} = \frac{0.2L_i^2}{D_{ij}} = \frac{L_i^2}{5D_{ij}}, \quad i = 1,2,3,\cdots,n; \, j = 1,2,3,\cdots,m \tag{4-21}$$

令 $G_{ij} = \int_0^{t'_{ij}} y_{\exp,ij}(t)\,\mathrm{d}(t)$，则非稳态阶段第 j 种 VOC 的气体浓度（μg/m³）为：

$$
\begin{aligned}
y_i &= \frac{E_i}{VN} = \frac{3600Q}{VN} \max\left\{\frac{G_{ij}}{t'_{ij}}\right\} \\
&= \frac{18000Q_i}{VN} \max\left\{\frac{D_{ij}G_{ij}}{t'_{ij}}\right\}, \quad i = 1,2,3,\cdots,n
\end{aligned}
\tag{4-22}
$$

则非稳态阶段每种 VOC 对应的新风最小换气次数为：

$$
\begin{aligned}
N'_j &= \frac{E'_j}{C_jV} \\
&= \frac{18000Q}{C_jV} \max\left\{\frac{D_{ij}G_{ij}}{t'_{ij}}\right\}, \quad i = 1,2,3,\cdots,n
\end{aligned}
\tag{4-23}
$$

因此，为使室内污染物浓度满足要求，非稳态阶段房间所需的新风量为：

$$N' = \max\left\{N'_j\right\}, \quad j = 1,2,3,\cdots,m \tag{4-24}$$

2. 稳态阶段

稳态阶段，VOC 的释放可以看作一个长期的释放模型。这个模型可以用公式（4-25）描述：

$$\frac{M''_{ij}[\mathrm{Fo_m}(t)]}{M_{ij}} = 1 - \sum_{a=0}^{\infty} \frac{2}{[(a+0.5)\pi]^2} \exp[-(n+0.5)^2\pi^2\mathrm{Fo_m}(t)] \tag{4-25}$$

式中：M_{ij}——第 i 种建筑材料中初始可散发的第 j 种 VOC 的质量，μg；

    M''_{ij}——截止 t 时刻第 i 种建筑材料中散发的第 j 种 VOC 的质量，μg。

则稳定阶段的平均释放速率及释放因子为：

$$E''_{ij} = \frac{3600[M''_{ij}(2.0) - M''_{ij}(0.2)]}{t_{ij} - t'_{ij}} \tag{4-26}$$

$$F''_{ij} = \frac{E''_{ij}}{A_i} \tag{4-27}$$

其中：t_{ij}——第 i 种建筑材料中第 j 种 VOC 的特性释放时间，s；

    t'_{ij}——非稳态阶段第 i 种建筑材料中第 j 种 VOC 的施放时间，s。

由于处于稳态阶段，K 值的影响可以忽略，因此建筑材料释放的 j 种 VOC 的总浓度可以用公式（4-28）表示：

$$y''_{ij} = \sum_{i=1}^{n} \frac{E''_{ij}}{VN}$$

$$= \frac{3600}{VN} \sum_{i=1}^{n} \frac{M''_{ij}(2.0) - M''_{ij}(0.2)}{2L_i^2 / D_{ij} - 0.2L_i^2 / D_{ij}}$$

$$= \frac{2000}{VN} \sum_{i=1}^{n} \frac{D_{ij}[M''_{ij}(2.0) - M''_{ij}(0.2)]}{L_i^2} \tag{4-28}$$

则非稳态阶段每种 VOC 对应的新风最小换气次数为:

$$N''_j = \frac{E''_j}{C_j V}$$

$$= \frac{2000}{C_j V} \sum_{i=1}^{n} \frac{D_{ij}[M''_{ij}(2.0) - M''_{ij}(0.2)]}{L_i^2} , \quad i = 1, 2, 3, \cdots, n \tag{4-29}$$

因此，为使室内污染物浓度满足要求，稳态阶段房间所需的新风量为:

$$N'' = \max\{N''_j\}, \quad j = 1, 2, 3, \cdots, m \tag{4-30}$$

4.5 典型住宅建筑场景计算示例

4.5.1 房间模型

住宅户型具有多样性，典型房间包括卧室和客厅，当房间（或住宅）的尺寸以及室内常住人员确定时，就可以根据规范设计法计算所需新风量；当室内家具类型、材料和填充比确定时，就可以确定污染源种类和污染物的释放面积，可以根据性能设计法计算所需新风量。基于以上标准，本书选取我国城镇住宅中较为典型的户型来展示不同设计方法下新风量的计算。本书选取的户型为三室两厅，拟定常住人员为 4 人，每个卧室设置 2 人，将卧室和客厅作为标准房间进行单独计算。图 4-2 为住宅平面图，图 4-3 为住宅三维效果及家具布置图。

图 4-2 住宅平面图

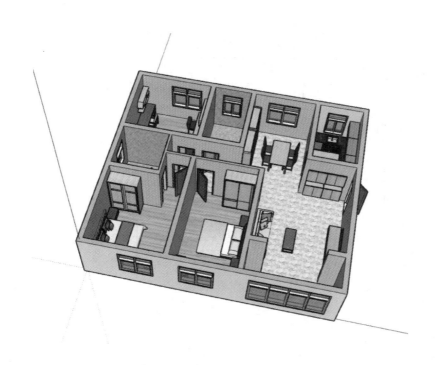

图 4-3　住宅三维效果及家具布置图

表 4-5 给出了每个房间的家具填充比和围护结构填充比，具体设定参见表 4-6。住宅按照 3 m 净高进行计算，在计算地板面积和墙表面积时，为了简化计算，均按照墙体中心线为尺寸基准计算。

表 4-5　住宅房间描述

房间	体积 /m³	地板面积 /m²	家具填充比 / (m²/m³)	墙表面积 /m²	围护结构填充比 /(m²/m³)
整个住宅	368.55	122.85	—	—	—
卧室 1	56.94	18.98	0.30	57.6	1.01
卧室 2	55.24	18.41	0.34	53.28	0.96
客厅	68.85	22.95	0.38	39.6	0.58
餐厅	35.64	11.88	0.48	23.97	0.67
阳台	24.3	8.1	—	—	—
书房	42.12	14.04	0.73	37.47	0.89
厨房	25.92	8.64	—	—	—
卫生间 1	18.75	6.25	—	—	—
卫生间 2	22.68	7.56	—	—	—

表4-6 家具种类与尺寸

房间	家具	数量	长 /m	高 /m	宽 /m	表面积 /m²	总表面积 /m²
卧室1	衣柜	1	1.5	2.5	0.65	12.7	17.27
	床头柜	2	0.6	0.45	0.45	1.485	
	梳妆台	1	1	0.2	0.5	1.6	
卧室2	衣柜	1	1.5	2.5	0.65	12.7	18.77
	床头柜	2	0.6	0.45	0.45	1.485	
	书桌（小）	1	1	0.7	0.5	3.1	
书房	书桌（大）	2	1.5	0.7	0.8	5.62	30.78
	书架	2	1.5	0.7	0.3	3.42	
	书柜	1	2	2.5	0.3	12.7	
客厅	沙发	1	2.4	0.7	0.8	8.32	26.15
	电视柜	1	2.1	0.45	0.6	4.95	
	茶几	1	1.2	0.4	0.5	2.56	
	鞋柜	1	1.8	2.2	0.3	10.32	
餐厅	餐桌	1	1.5	0.7	1.2	7.38	17.28
	橱柜	1	1.5	2.5	0.3	9.9	

4.5.2 根据《住宅新风系统技术标准》计算示例

1. 最小设计新风量

本节按照平均人员密度对卧室1（2人）、卧室2（2人）、客厅（4人）和整个住宅（4人）进行最小新风量计算。

卧室1地板面积为 18.98 m²，人员数量为2人，据此算得人均居住面积 F_p 为 9.49 m²，根据表4-1，选取换气次数为 0.70 次 /h。计算得房间最小新风量为：

$$Q_{\min 卧室} = F \times h \times n = 18.98 \times 3 \times 0.70 \, m^3/h = 39.9 \, m^3/h$$

卧室2、客厅和整个住宅按照相同的步骤计算，计算结果汇总于表4-7。

表4-7 按照国标计算最小设计新风量结果

房间	地板面积 /m²	人均居住面积	换气次数	新风量 /(m³/h)
卧室1	18.98	9.49	0.7	39.9
卧室2	18.41	9.21	0.7	38.7
客厅	22.95	5.74	0.7	48.2
整个住宅	122.85	30.71	0.5	184.3

2. 卧室和起居室的新风量

根据公式(4-2)对卧室 1 新风量进行计算,其中室内 CO_2 呼出量按表 4-2 中的"安静时"选取,为 13 L/(h·人);室内人数为 2 人,室内 CO_2 浓度限值取 0.1%,室外 CO_2 浓度取 0.04%,则卧室新风量为:

$$Q_b = 0.1 \times \frac{x_c}{y_{C2} - y_{C0}} = 0.1 \times \frac{13 \times 2}{0.1 - 0.04} \text{ m}^3/\text{h} = 43.3 \text{ m}^3/\text{h}$$

卧室 2 采用同样的计算方法进行计算。具体计算结果汇总于表 4-8。

表 4-8　按照国标计算卧室新风量结果

房间	地板面积 /m²	室内人数	人员状态	CO_2 散发量 / [L/(h·人)]	新风量/（m³/h）
卧室 1	18.98	2	安静时	13	43.3
卧室 2	18.41	2	安静时	13	43.3

起居室(客厅、餐厅和书房)的新风量按照总人数,采用换气次数法计算。三个房间的总面积为(22.95+11.88+14.04) m²=48.87 m²,人员数量为 4 人,据此算得人均居住面积 F_p 为 12.22 m²,根据表 4-1,选取换气次数为 0.60 次/h。计算得起居室最小新风量为:

$$Q_1 = F \times h \times n = 48.87 \times 3 \times 0.60 \text{ m}^3/\text{h} = 88.0 \text{ m}^3/\text{h}$$

3. 系统新风量

根据国标的设计要求,新风系统的设计新风量应取按换气次数计算的最小设计新风量、按卧室和起居室计算的新风量之和中的较大者。最小设计新风量为 184.3 m³/h,卧室和起居室新风量之和为(43.3+43.3+88.0) m³/h =174.6 m³/h,因此系统总新风量为 184.3 m³/h。

4.5.3　根据 ANSI/ASHRAE 62.2-2016 计算示例

根据公式(4-3),住宅的地板面积为 122.85 m²;卧室数量为 2,因此总新风量为:

$$\begin{aligned}
Q_{tot} &= 0.15 A_{floor} + 3.5(N_{br} + 1) \\
&= [0.15 \times 122.85 + 3.5 \times (2 + 1)] \text{L/s} \\
&= 28.93 \text{L/s} \\
&= 104.15 \text{ m}^3/\text{h}
\end{aligned}$$

而根据表 4-4,按照面积 122.85 m²、卧室数量 2 选取通风速率为 31 L/s,换算为 111.6 m³/h。取两者中的较大值,因此整个住宅的新风量为 111.6 m³/h。

4.5.4　基于甲醛的性能设计法计算示例

由于目前我国还未制定家具中 VOC 释放的标识系统,本小节所选取的建筑材料的 VOC 散发数据均来自加拿大国家研究委员会的数据库,详见表 4-9。加拿大国家研究委员会的数据库中包含了单一材料和集成材料、自然材料和合成材料等大约 50 种类型的建筑材料。本书依据以下两个原则从中选取了 12 种材料:第一,所选用的材料应该是固体状的单层材料。第二,相同种类的材料中,只选择一种较为典型的材料作为代表,不同用途除外(如住宅或商业建筑,地板或家具材料)。除天然材料(橡木和松木)外,其他均为合成材料,例如含有黏合剂的工业产品,包括吸声天花板、地毯、石膏板、油毡、中密度板、胶合板、定向刨花板和垫子。混合材料是指既有天然材料也有合成材料。只有松木和橡木是天然材料,它们可以用在天花板和家具等产品中。

表4-9 各建筑材料污染物散发量 单位：mg/（m²·h）

编号	描述	甲醛散发量（24 h）		TVOC 稳定散发量
		min	max	
1	吸声天花板	—	—	—
2	地毯	0.00617	0.04046	0.18
3	石膏板	—	—	0.06
4	油毡	0.0012	0.0019	0.35
5	中密度板	0.441		0.38
6	红橡木	—	—	—
7	定向刨花板	0.0053	0.0111	0.14
8	松木	—	—	—
9	胶合板	0.004	0.0072	0.23
10	垫子	0.0067	0.07657	0.56
11	薄壁纸	0.006		0.08
12	厚壁纸	0.01		0.26

　　由于基于 VOC 散发的新风量计算需要考虑具体的家具种类与布置、墙体面积和装修等多种因素，为简化计算，对于同一污染源位置（如天花板、地板、墙、家具等），仅选取一种材料进行计算示例，同时计算过程中只考虑 24 h 甲醛散发量的最大值。考虑到中密度板的甲醛散发量过大，与实际偏差可能比较大，家具部分的材料选择为中密度板和胶合板混合使用，甲醛散发量取 0.2241 mg/（m²·h）。具体选取结果见表 4-10。其中房间内的家具种类、数量和尺寸见表 4-6。

表4-10 房间材料及甲醛散发量

房间	项目	材料	面积 /m²	甲醛散发量 / (mg/h)	总计 / (mg/h)
卧室 1	天花板	吸声天花板	18.98	0	4.4265
	地板	定向刨花板	18.98	0.210678	
	墙面	薄壁纸	57.60	0.3456	
	家具	中密度板 / 胶合板	17.27	3.870207	
卧室 2	天花板	吸声天花板	18.41	0	5.2709
	地板	地毯	18.41	0.744869	
	墙面	薄壁纸	53.28	0.31968	
	家具	中密度板 / 胶合板	18.77	4.206357	
书房	天花板	吸声天花板	14.04	0	7.2785
	地板	定向刨花板	14.04	0.155844	
	墙面	薄壁纸	37.47	0.22482	
	家具	中密度板 / 胶合板	30.78	6.897798	

续表

房间	项目	材料	面积 /m²	甲醛散发量 / (mg/h)	总计 / (mg/h)
客厅	天花板	吸声天花板	22.95	0	6.3526
	地板	定向刨花板	22.95	0.254745	
	墙面	薄壁纸	39.60	0.2376	
	家具	胶合板	26.15	5.860215	
餐厅	天花板	吸声天花板	11.88	0	4.1481
	地板	定向刨花板	11.88	0.131868	
	墙面	薄壁纸	23.97	0.14382	
	家具	中密度板 / 胶合板	17.28	3.872448	

根据公式 (4-8) 对各个房间的新风量进行计算，其中卧室 1 甲醛散发量为 4.4265 mg/h，室外新风中甲醛含量取 0。室内甲醛浓度限值按照《室内空气质量标准》（GB/T 18883—2002）规定的 0.1 mg/m³ 设定，则客厅所需新风量为：

$$V_0 = \frac{N}{C_s - C_0} = \frac{4.4265}{0.1 - 0} \, \text{m}^3/\text{h} = 44.3 \, \text{m}^3/\text{h}$$

其余房间采用同样的计算方法，具体计算结果汇总于表 4-11。

表 4-11 性能设计法的甲醛计算结果

房间	地板面积 /m²	室内人数	甲醛散发量 / (mg/h)	新风量 / (m³/h)
卧室 1	18.98	2	4.4265	44.3
卧室 2	18.41	2	5.2709	52.7
书房	14.04	4	7.2785	72.8
客厅	22.95	4	6.3526	63.5
餐厅	11.88	4	4.1481	41.5
整个住宅	122.85	4	27.4766	274.8

4.5.5 计算结果对比

三种计算方法的计算结果汇总于表 4-12。其中 ASHRAE 方法仅适用于对整个住宅进行新风量计算，因此没有对应的卧室和客厅新风量结果。

表 4-12 计算结果对比

房间	地板面积 /m²	室内人数	新风量 / (m³/h)		
			国标法	ASHRAE 方法	甲醛法
卧室 1	18.98	2	43.3	—	44.3
卧室 2	18.41	2	43.3	—	52.7
客厅	22.95	4	48.2	—	63.5
整个住宅	122.85	4	184.3	111.6	274.8

可以看出，与 ASHRAE 方法相比，国标法所得出的新风量更大，而基于甲醛的性能设计法的计算结果则大于国标法，这与计算时所选择的装修材料有直接关系。具体的装修材料和家具选择可能存在差异，可根据具体情况选取准确数值。在实际工程中，尤其对于新建或新装修住宅，理应考虑基于 VOC 散发的性能设计法，以达到保证室内空气品质的目的。

4.6　小结

本章介绍了住宅新风量的两种计算方法——规范设计法和性能设计法，以及涉及这两种计算方法的具体规范和标准，包括《住宅新风系统技术标准》和 ANSI/ASHRAE 62.2-2016；还进行了典型住宅场景的计算示例，使用了两个标准的计算方法和基于甲醛的性能设计法，并对三种方法的计算结果进行了对比分析。

参考文献

[1] 中华人民共和国住房和城乡建设部 . 住宅新风系统技术标准 :JGJ/T 440—2018[S]. 北京 : 中国建筑工业出版社 ,2018.

[2] ASHRAE. Ventilation and acceptable indoor air quality in residential buildings(ANSI/ASHRAE Standard 62.2-2016)[S]. Atlanta, GA2016.

[3] 赵荣义 , 范存养 , 薛殿华 , 等 . 空气调节 [M].4 版 . 北京 : 中国建筑工业出版社 ,2009.

[4] ASTM . Standard test method for determining air leakage rate by fan pressurization(ASTME 779-2010)[S]. 2010.

[5] 王军 , 张旭 . 建筑室内人员密度对新风量指标的影响特征分析 [J]. 流体机械 ,2010,38(02):61-66+22.

[6] 宁豆豆 . 住宅建筑新风量确定方法研究 [D]. 西安： 西安建筑科技大学 ,2016.

5

新风热湿处理原理与技术

住宅建筑新风系统的处理形式多样,有的只进行空气净化,不做热湿处理;有的热湿处理方式与采用的空调系统形式有关;有的新风系统采用独立式的单元空调机进行热湿处理;有的住宅建筑采用中央空调冷媒水系统,新风的热湿处理也直接采用冷媒水,与公共建筑的新风热湿处理一样。本章介绍常用的空气热湿处理技术。采用新风能量回收系统进行热湿处理的内容在第 7 章介绍。

5.1　热湿处理基本原理与途径

5.1.1　空气热湿处理的各种方案

对室外新风热湿处理进行分析,由焓湿图可见,一般夏季需对室外空气进行冷却减湿处理,冬季则需加热加湿。在夏、冬季,要分别将处于室外空气状态点 W 和 W' 点的室外空气处理到送风状态点 O,此时可能有如图 5-1 所示的各种空气处理方案。表 5-1 是对这些空气处理方案的简要说明[1]。

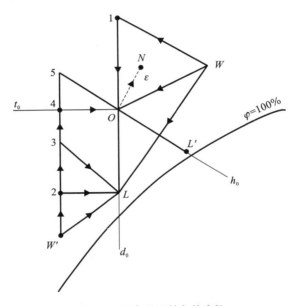

图 5-1　空气处理的各种途径

表 5-1 中列举的各种空气处理方案都是一些简单空气处理过程的组合。由此可见,可以通过不同的途径,即采用不同的空气处理方案而得到同一送风状态。至于究竟采用哪种方案,则需结合系统方案及设备的特点,经过分析比较之后再确定。

表 5-1　空气处理方案及说明

季节	空气处理方案	处理方案说明
夏季	(1) $W \rightarrow L \rightarrow O$ (2) $W \rightarrow 1 \rightarrow O$ (3) $W \rightarrow O$	喷水室喷冷水(或用表面冷却器)冷却减湿→加热器再热 固体吸湿剂减湿→表面冷却器等湿冷却 液体吸湿剂减湿冷却

续表

季节	空气处理方案	处理方案说明
冬季	（1）$W' \to 2 \to L \to O$	加热器预热→喷蒸汽加湿→加热器再热
	（2）$W' \to 3 \to L \to O$	加热器预热→喷水室绝热加湿→加热器再热
	（3）$W' \to 4 \to O$	加热器预热→喷蒸汽加湿
	（4）$W' \to L \to O$	喷水室喷热水加热加湿→加热器再热
	（5）$W' \to 5 \to L'$	加热器预热→一部分经喷水室绝热加湿→与另一部分未加湿的空气混合

5.1.2　热湿交换设备的类型

实现不同的空气处理过程需要不同的空气处理设备，如空气的加热、冷却、加湿、减湿设备等。有时一种空气处理设备能同时实现空气的加热加湿、冷却干燥或升温干燥等过程。尽管空气处理设备名目繁多、构造多样，然而它们大多是使空气与其他介质进行热湿交换的设备。与空气进行热湿交换的介质有水、水蒸气、冰、各种盐类及其水溶液、制冷剂及其他物质。

根据各种热湿交换设备的特点，可将它们分成两大类：接触式热湿交换设备和表面式热湿交换设备。前者包括喷水室、蒸汽加湿器、高压喷雾加湿器、湿膜加湿器、超声波加湿器以及使用液体吸湿剂的装置等；后者包括光管式和肋管式空气加湿器及空气冷却器等。有的空气处理设备，如喷水室表面冷却器，兼有这两类设备的特点。

第一类热湿交换设备的特点是，与空气进行热湿交换的介质直接与空气接触，通常是使被处理的空气流过热湿交换介质表面，通过含有热湿交换介质的填料层或将热湿交换介质喷洒到空气中去，形成具有各种分散度液滴的空间，使液滴与流过的空气直接接触。

第二类热湿交换设备的特点是，与空气进行热湿交换的介质不与空气接触，二者之间的热湿交换是通过分隔壁面进行的。根据热湿交换介质的温度不同，壁面侧的空气可能产生水膜（湿表面），也可能不产生水膜（干表面）。分隔壁面有平表面和带肋表面两种。

在所有的热湿交换设备中，喷水室和表面式换热器应用最广。

5.2　空气与水直接接触时的热湿交换

采用喷水室不仅可实现空气与水直接接触时的热湿处理，还可实现空气的净化。这种设备多用于工艺空调系统，在民用建筑舒适性空调系统里应用不多。

空气与水直接接触时，根据水温不同，可能仅发生显热交换，也可能既有显热交换又有潜热交换，即同时伴有质交换（湿交换）。显热交换是空气与水之间存在温差时，由导热、对流和辐射作用而引起的换热结果。潜热交换是空气中的水蒸气凝结（或蒸发）而放出（或吸收）汽化潜热的结果。总热交换量是显热交换量和潜热交换量的代数和[2]。

如图 5-2 所示，当空气与敞开水面或飞溅水滴表面接触时，由于水分子做不规则运动，在贴近水表面处存在一个温度等于水表面温度的饱和空气边界层，而且边界层的水蒸气分压力取决于水表面温度。空气与水之间的热湿交换量和边界层周围空气（主体空气）与边界层内饱和空气之间的温差及水蒸气分压力差的大小有关。

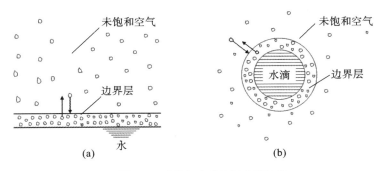

图5-2 空气与水的热湿交换过程

如果边界层内空气温度高于主体空气温度，则由边界层向主体空气传热；反之，则由主体空气向边界层传热。

如果边界层内水蒸气分压力大于主体空气的水蒸气分压力，则水蒸气分子将由边界层向主体空气迁移；反之，则水蒸气分子将由主体空气向边界层迁移。所谓的"蒸发"与"凝结"现象就是这种水蒸气分子迁移的结果。在蒸发过程中，边界层中减少了的水蒸气分子又由水面跃出的水分子补充；在凝结过程中，边界层中过多的水蒸气分子将回到水面。

如上所述，温差是热交换的推动力，而水蒸气分压力差是质（湿）交换的推动力。

质交换有两种基本形式：分子扩散和紊流扩散。在静止的流体或做层流运动的流体中的扩散，是由微观分子运动引起的，称为分子扩散，它的机理类似于热交换过程中的导热。在流体中由紊流脉动引起的物质传递称为紊流扩散，它的机理类似于热交换过程中的对流作用。

在紊流流体中，除有层流底层中的分子扩散外，还有主流中因紊流脉动而引起的紊流扩散，此两者的共同作用称为对流质交换，它的机理与对流换热相类似。以空气掠过水表面为例，水蒸气先以分子扩散的方式进入水表面上的空气层流底层（即饱和空气边界层），再以紊流扩散的方式和主体空气混合，形成对流质交换。

空气与水直接接触时，水表面形成的饱和空气边界层与主体空气之间发生分子扩散与紊流扩散，使边界层的饱和空气与主体空气不断混掺，从而使主体空气状态发生变化（图5-3）。因此，空气与水的热湿交换过程可以视为主体空气与边界层空气不断混合的过程。

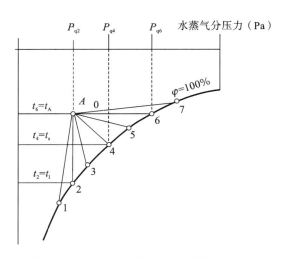

图5-3 空气与水直接接触时的状态变化过程

为分析方便起见，假定与空气接触的水量无限大，接触时间无限长，即在所谓假想条件下，全部空气都能达到具有水温的饱和状态点。也就是说，此时空气的终状态点将位于 $h-d$ 图的饱和曲线上，且空气终温将等于水温。与空气接触的水温不同，空气的状态变化过程也不同。所以，在上述假想条件下，随着水温不同，可以得到图 5-3 所示的七种典型空气状态变化过程。表 5-2 列举了这七种典型过程的特点。

在上述七种过程中，$A—2$ 过程是空气增湿和减湿的分界线，$A—4$ 过程是空气增焓和减焓的分界线，而 $A-6$ 过程是空气升温和降温的分界线。

表 5-2　空气与水直接接触时各种过程的特点

过程线	水温特点	t 或 Q_x	D 或 Q_q	i 或 Q_z	过程名称
$A—1$	$t_w < t_1$	减	减	减	减湿冷却
$A—2$	$t_w = t_1$	减	不变	减	等湿冷却
$A—3$	$t_1 < t_w < t_s$	减	增	减	减焓加湿
$A—4$	$t_w = t_s$	减	增	不变	等焓加湿
$A—5$	$t_s < t_w < t_A$	减	增	增	增焓加湿
$A—6$	$t_w = t_A$	不变	增	增	等温加湿
$A—7$	$t_w > t_A$	增	增	增	增温加湿

注：t_A、t_s、t_1 分别为空气的干球温度、湿球温度和露点温度，t_w 为水温。

和上述假想条件不同，当空气处理设备中空气与水的接触时间足够长，但水量是有限的，即所谓理想过程时，除 $t_w=t_s$ 的热湿交换过程外，水温都将发生变化，同时，空气状态变化过程也就不是一条直线而呈曲线。如在 $h-d$ 图上将整个变化过程依次分段进行考察，则可大致看出曲线形状。

现以水初温低于空气露点温度，且水与空气的运动方向相同（顺流）的情况为例进行分析 [图 5-4（a）]。在开始阶段，状态 A 的空气与具有初温 t_{w1} 的水接触，一小部分空气达到饱和状态，且温度等于 t_{w1}。这一小部分空气与其余空气混合达到状态点 1，点 1 位于点 A 与点 t_w 的连线上。在第二阶段，水温已升高至 t_w'，此时具有点 1 状态的空气与温度为 t_w' 的水接触，又有一小部分空气达到饱和。这一小部分空气与其余空气混合达到状态点 2，点 2 位于点 1 和点 t_w' 的连线上。依此类推，最后可得到一条表示空气状态变化过程的折线。间隔划分愈细，则所得过程线愈接近一条曲线，而且在热湿交换充分完善的理想条件下，空气状态变化的终点将在饱和曲线上，温度将等于水终温。

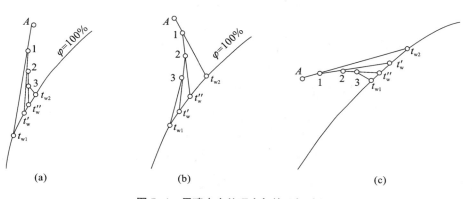

(a)　　　　　　　　(b)　　　　　　　　(c)

图 5-4　用喷水室处理空气的理想过程

对于逆流情况，用同样的方法分析可得到一条向另外方向弯曲的曲线，而且空气状态变化的终点也在饱和曲线上，温度等于水初温 [图 5-4(b)]。图 5-4（c）是点 A 状态的空气与初温 $t_{w1} > t_s$ 的水接触且呈逆流运动时，空气状态的变化情况。

实际上，空气与水直接接触时，接触时间也是有限的，因此，空气状态的实际变化过程既不是直线，也难以达到温度与水的终温（顺流）或初温（逆流）相等的饱和状态。然而在工程中人们关心的只是空气处理的结果，并不关心空气状态变化的轨迹，所以在已知空气终状态时仍可用连接空气初、终状态点的直线来表示空气状态的变化过程。

5.3 表面式换热器空气热湿处理

表面式换热器广泛应用于空气的热湿处理过程中。表面式换热器因具有构造简单、占地少、对水质要求不高、水系统阻力小等优点，已成为常用的空气处理设备。表面式换热器包括空气加热器和表面冷却器两类。前者用热水或蒸汽做热媒，后者以冷水或制冷剂做冷媒。表面冷却器常常简称为表冷器，又可分为水冷式和直接蒸发式两类。

5.3.1 表面式换热器的构造 [3]

表面式换热器有光管式和肋管式两种。光管式表面换热器由于传热效率低已很少应用。肋管式表面换热器由管子和肋片构成，见图 5-5。

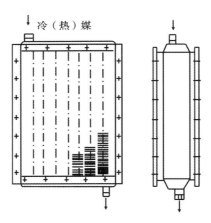

↓ 冷（热）媒

图 5-5 肋管式表面换热器

为了使表面式换热器性能稳定，应力求使管子与肋片间接触紧密，减小接触热阻，并保证长久使用后也不会松动。

根据加工方法不同，肋片管又分为绕片管、串片管和轧片管等。

将铜带或钢带用绕片机紧紧地缠绕在管子上可制成皱褶式绕片管 [图 5-6（a）]。皱褶的存在既增加了肋片与管子间的接触面积，又增加了空气流过时的扰动性，因而能提高传热系数。但是，皱褶的存在也增加了空气阻力，而且容易积灰，不便清理。为了消除肋片与管子接触处的间隙，可将这种换热器浸镀锌、锡。浸镀锌、锡还能防止金属生锈。

有的绕片管不带皱褶，它们是用延展性好的铝带绕在钢管上制成的［图5-6（b）］。

将事先冲好管孔的肋片与管束串在一起，经过胀管之后可制成串片管［图5-6（c）］。串片管生产的机械化程度可以很高，现在大批铜管铝片的表面式换热器均用此法生产。

用轧片机在光滑的铜管或铝管外表面上轧出肋片便成了轧片管［图5-6（d）］。由于轧片管的肋片和管子是一个整体，没有缝隙，因此传热性能更好，但是轧片管的肋片不能太高，管壁不能太薄。

为了提高表面式换热器的传热性能，应该提高管外侧和管内侧的热交换系数。强化管外侧换热的主要措施之一是用二次翻边片［即管孔处翻两次边，见图5-6(e)］代替一次翻边片，并提高肋管质量；措施之二是用波形片、条缝片和波形冲缝片等代替平片（图5-7）。强化管内侧换热最简单的措施是采用内螺纹管。研究表明，采用上述措施可使表面式换热器的传热系数提高10%～70%。

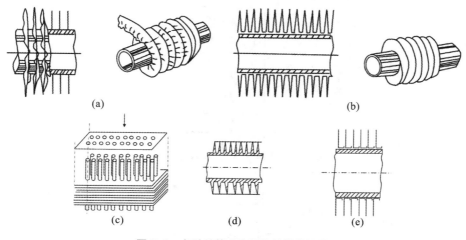

(a)   (b)

(c)   (d)   (e)

图5-6　各种肋管式表面换热器的构造

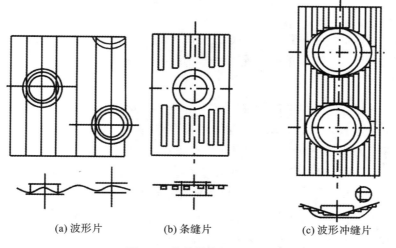

(a) 波形片　　(b) 条缝片　　(c) 波形冲缝片

图5-7　换热器的新型肋片

此外，在铜管串铝片的换热器生产中，采用亲水铝箔的越来越多。所谓亲水铝箔，就是在铝箔上涂防腐蚀涂层和亲水的涂层，并经烘干炉烘干后制成的铝箔。它的表面有较强的亲水性，可使换热片上的凝结水迅速流走而不会聚集，避免了换热片间因水珠"搭桥"而阻塞翅片间空隙，从而提高了热交换效率。同时，亲水铝箔有耐腐蚀、防霉菌、无异味等优点，但增加了换热器制造成本。

5.3.2　表面式换热器的安装

表面式换热器可以垂直安装，也可以水平安装或倾斜安装。但是，以蒸汽做热媒的空气加热器最好不要水平安装，以免聚集凝结水而影响传热性能。此外，垂直安装的表面冷却器必须使肋片处于垂直位置，否则将因肋片上部积水而增加空气阻力。

由于表面冷却器工作时表面常有凝结水产生，因此在它们下部应安装接水盘和排水管（图5-8）。

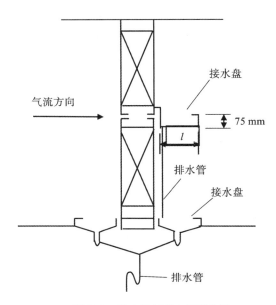

图5-8　接水盘与排水管的安装

按空气流动方向来说，表面式换热器可以并联，也可以串联，或者既有并联又有串联。到底采用什么样的组合方式，应按通过空气量的多少和需要的换热量大小来决定。一般通过空气量多时采用并联，需要空气温升（或温降）大时采用串联。

表面式换热器的冷、热媒管路也有并联与串联之分，不过使用蒸汽做热媒时，各台换热器的蒸汽管只能并联，而用水做热媒或冷媒时各台换热器的水管串联、并联均可。通常的做法是，相对于空气流动方向并联的换热器，其冷、热媒管路也应并联；相对于空气流动方向串联的换热器，其冷、热媒管路也应串联。管路串联可以增加水的流速，有利于水力工况的稳定和提高传热系数，但是系统阻力有所增加。为了使冷、热媒与空气之间有较大温差，最好让空气与冷、热媒之间按逆交叉流型流动，即进水管路与空气出口应位于同一侧。

为了便于使用和维修，冷、热媒管路上应设阀门、压力表和温度计。在蒸汽加热器的管路上还应设蒸汽压力调节阀和疏水器。为了保证换热器正常工作，在水系统最高点应设排空气装置，而在最低点应设泄水和排污阀门。

如果表面式换热器冷热两用，则热媒以用 65 ℃以下的热水为宜，以免因管内壁积水垢过多而影响换热器的传热性能。

5.3.3 表面式换热器热湿交换特点

表面式换热器的热湿交换是在主体空气与紧贴换热器外表面的边界层空气之间的温差和水蒸气分压力差作用下进行的。根据主体空气与边界层空气的参数不同，表面式换热器可以实现三种空气处理过程：当边界层空气温度高于主体空气温度时，将发生等湿加热过程；当边界层空气温度虽低于主体空气温度，但尚高于其露点温度时，将发生等湿冷却过程（或称干冷过程，干工况）；当边界层空气温度低于主体空气的露点温度时，将发生减湿冷却过程（或称湿冷过程，湿工况）。

在等湿加热和冷却过程中，主体空气和边界层空气之间只有温差，并无水蒸气分压力差，所以只有显热交换；而在减湿冷却过程中，由于边界层空气与主体空气之间不但存在温差，也存在水蒸气分压力差，因此通过换热器表面不但有显热交换，也有伴随湿交换的潜热交换。由此可知，湿工况下的表冷器比干工况下有更大的热交换能力，或者说对同一台表冷器而言，在被处理的空气干球温度和水温保持不变时，空气湿球温度愈高，表冷器的冷却减湿能力愈强。

对于只有显热传递的过程，由传热学可知，换热器的换热量可以写成：

$$Q = KF\Delta t_{\mathrm{d}} \tag{5-1}$$

式中：Q——传热量，W；

K——传热系数，W/(m$^2 \cdot$℃)；

F——传热面积，m^2；

Δt_{d}——对数平均温差，℃。

当换热器的尺寸及交换介质的温度给定时，从式（5-1）可以看出，对传热能力起决定作用的是传热系数 K，它的倒数是传热热阻 R。对于在空调工程上常采用的肋管式表面换热器，如果不考虑其他附加热阻，R 值可按下式计算：

$$R = \frac{1}{K} = \frac{1}{\alpha_{\mathrm{w}} \varphi_0} + \frac{\tau \delta}{\lambda} + \frac{\tau}{\alpha_{\mathrm{n}}} \tag{5-2}$$

式中：R——传热热阻，(m$^2 \cdot$℃)/W；

α_{n}、α_{w}——内、外表面热交换系数，W/(m$^2 \cdot$℃)；

φ_0——肋表面全效率；

δ——管壁厚度，m；

λ——管壁导热系数，W/(m$\cdot$℃)；

τ——肋化系数，$\tau = F_{\mathrm{w}} / F_{\mathrm{n}}$，其中 F_{n}、F_{w} 为单位管长肋管内、外表面积，单位均为 m^2。

对于减湿冷却过程，由于外表面温度低于空气露点温度，在稳定工况下，可以认为，在整个外壁面上形成一层冷凝水膜，且水膜保持一定厚度，多余的冷凝水不断地从换热面流走。冷凝过程放出的凝结热使水膜温度略高于壁表面温度，然而由于水膜温升及膜层热阻影响较小，计算时可以认为紧贴冷凝水膜的饱和空气边界层温度及水蒸气分压力与不存在水膜时一样。

表面冷却器热湿交换规律符合式（5-3）：

$$dQ_Z = \sigma(h - h_b)dF \qquad (5-3)$$

式中：h ——主体空气的焓，kJ/kg；

h_b ——边界层饱和空气的焓，kJ/kg。

用换热扩大系数 ξ 来表示因存在湿交换而增大了的换热量。平均的 ξ 值可表示为：

$$\xi = \frac{h - h_b}{c_p(t - t_b)} \qquad (5-4)$$

式中：t ——主体空气温度，℃；

t_b ——边界层饱和空气温度，℃。

可见，ξ 的大小也反映了凝结水析出的多少，所以又称 ξ 为析湿系数。显然，干工况下 $\xi = 1$，湿工况下 $\xi > 1$。

由式（5-4）可知：

$$h - h_b = \xi c_p(t - t_b)$$

将刘易斯关系式 $\sigma = \dfrac{\alpha_w}{c_p}$ 及上式代入总热交换微分方程式（5-3），可得：

$$dQ_Z = \alpha_w \xi(t - t_b)dF \qquad (5-5)$$

由此可见，当表冷器上出现凝结水时，可以认为外表面换热系数比只有显热传递时增大了 ξ 倍。因此，减湿冷却过程的传热热阻 R_s 或传热系数 K_s 可按下式计算：

$$R_s = \frac{1}{K_s} = \frac{1}{\xi \alpha_w \varphi_0} + \frac{\tau \delta}{\lambda} + \frac{\tau}{\alpha_n} \qquad (5-6)$$

在进行表面式换热器的热工计算时，一般多使用通过实验得到的传热系数 K 与 K_s，只有缺少实验数据时才用理论公式计算。根据实验结果，确定按换热器外表面计算的平均传热系数时可以利用下面的关系式：

$$K = \frac{Gc_p(t_1 - t_2)}{F\Delta t_d} \qquad (5-7)$$

以及

$$K_s = \frac{G(t_1 - t_2)}{F\Delta t_d} \qquad (5-8)$$

上两式中，Δt_d 为对数平均温差，℃。

由式（5-2）及式（5-6）可见，当表面式换热器的结构形式一定时，等湿冷却过程的 K 值只与内、外表面热交换系数 α_n 及 α_w 有关，而减湿冷却过程的 K_s 值除与 α_n、α_w 有关外，还与过程的析湿系数 ξ 有关。由于 α_n 与 α_w 一般是水与空气流动状况的函数，因此，在实际工作中往往把表面式换热器的传热系数计算公式整理成以下形式的经验式。

$$R = \frac{1}{K} = \frac{1}{AV_y^m} + \frac{1}{B\omega^n} \qquad (5-9)$$

$$R_s = \frac{1}{K_s} = \frac{1}{AV_y^m \xi^p} + \frac{1}{B\omega^n} \qquad (5-10)$$

式中：V_y ——空气迎面风速，m/s；

ω ——表冷器管内水流速，m/s；

　　A, B, P, m, n——由实验得出的系数和指数。

　　附带说明，式（5-10）中的 ξ 为过程平均析湿系数。因此，对于被处理空气的初状态为 t_1、h_2，终状态为 t_2、h_2（未达到饱和状态）的减湿冷却过程，ξ 值也可按下式计算：

$$\xi = \frac{h_1 - h_2}{c_p(t_1 - t_2)} \tag{5-11}$$

　　此外，对于用水做热媒的空气加热器，传热系数 K 的计算公式也常整理成下列形式：

$$K = A'(\upsilon\rho)^{m'}\omega^{n'} \tag{5-12}$$

　　对于用蒸汽做热媒的空气加热器，由于可以不考虑蒸汽流速的影响，因而将 K 值的计算公式整理成下式：

$$K = A''(\upsilon\rho)^{m''} \tag{5-13}$$

　　上两式中的 A'、A''、m'、m''、n' 均为由实验得出的系数和指数。

5.3.4　表面式换热器的热工计算

　　表冷器的热工计算分为两种类型：一种是设计性计算，多用于选择定型的表冷器以满足已知空气初、终参数的空气处理要求；另一种是校核性计算，多用于检查一定型号的表冷器能将具有一定初参数的空气处理到什么样的终参数。

　　在空调系统中，表面冷却器主要用来对空气进行冷却减湿处理，空气的温度和含湿量都发生变化，因此热工计算问题比较复杂。迄今为止，国内外已提出许多计算方法，如热交换效率法[2]、试算法[4]、程序法[5]等。下面只介绍基于热交换效率的计算方法。

　　表面冷却器的热交换效率有两种，一种为全热交换效率，另一种为通用热交换效率。

1. 全热交换效率 E_g

　　表冷器的全热交换效率同时考虑空气和水的状态变化，其定义式如下：

$$E_g = \frac{t_1 - t_2}{t_1 - t_{w1}} \tag{5-14}$$

式中：t_1、t_2——处理前、后空气的干球温度，℃；

　　　　t_{w1}——冷水初温，℃。

　　由于 E_g 的定义式中只考虑空气的干球温度变化，所以又把 E_g 称为表冷器的干球温度效率。

2. 通用热交换效率 E'

　　表冷器的通用热交换效率的定义与喷水室的通用热交换效率完全相同。根据传热理论推导出 E' 的计算式为：

$$E' = \frac{t_1 - t_2}{t_1 - t_3} = 1 - \frac{t_2 - t_3}{t_1 - t_3} \tag{5-15}$$

式中：t_1、t_2——处理前、后空气的干球温度，℃；

　　　　t_3——冷水终温，℃。

对于型号一定的表冷器而言，热工计算的原则满足下列三个条件：

（1）空气处理过程需要的 E_g 应等于该表冷器能够达到的 E_g；

（2）空气处理过程需要的 E' 应等于该表冷器能够达到的 E'；

（3）空气放出的热量应等于冷水吸收的热量。

空气加热器的热工计算也分两种类型：设计性计算和校核性计算。设计性计算的目的是根据被加热的空气量及加热前后的空气温度，按一定热媒参数选择空气加热器；校核性计算的目的是依据已有的加热器的型号，检查它能否满足预定的空气加热要求。

空气加热器的计算原则是让加热器的供热量等于加热空气需要的热量。计算方法也有平均温差法和热交换效率法两种。一般的设计性计算常用平均温差法；表冷器做加热器使用时常用热交换效率法。

5.3.5　表面式换热器的阻力计算

1. 空气加热器的阻力

在选定空气加热器之后，还必须计算通过它的空气阻力及水阻力（热媒为热水时）。加热器的空气阻力与加热器形式、构造以及空气流速有关。对于一定结构特性的空气加热器而言，空气阻力可由实验公式求出：

$$\Delta H = B(\upsilon\rho)^q \tag{5-16}$$

式中：ΔH——空气阻力，Pa；

B、q——实验的系数和指数，与空气加热器的结构有关；

υ——空气加热器有效断面上的空气流速，m/s；

ρ——空气密度，kg/m³。

如果热媒是蒸汽，则依靠加热器前保持一定的剩余压力 [不小于 0.03 MPa（工作压力）] 来克服蒸汽流经加热器的阻力，不必另行计算。如果热媒是热水，则其阻力可按实验公式计算：

$$\Delta H = C\omega^q \tag{5-17}$$

式中：C、q——实验的系数和指数，与空气加热器的结构有关；

ω——加热器管束内热水流速，m/s。

2. 表面冷却器的阻力

表面冷却器的阻力计算方法与空气加热器基本相同，也是利用类似形式的实验公式。但是由于表面冷却器有干、湿工况之分，而且湿工况的空气阻力 ΔH_s 比干工况的 ΔH_g 大，并与析湿系数有关，因此应区分干工况与湿工况的空气阻力计算公式。

[例] 已知被处理的空气量为 30000 kg/h（8.33 kg/s），当地大气压力为 101325 Pa，空气的初参数为 $t=25.6$ ℃、$h_1=50.9$ kJ/kg、$t_{s1}=18$ ℃；空气的终参数为 $t_2=11$ ℃、$h_2=30.7$ kJ/kg、$t_{s2}=10.6$ ℃、$\varphi_2=95\%$。试选择 JW 型表面冷却器。JW 型表面冷却器的技术数据见《空气调节》[2] 附录 3-5，部分表面冷却器的阻力计算公式见附录 3-3。

[解]

计算需要的 E'，确定表面冷却器的排数。

根据

$$E' = 1 - \frac{t_2 - t_{s2}}{t_1 - t_{s1}}$$

得

$$E' = 1 - \frac{11 - 10.6}{25.6 - 18} = 0.947$$

根据《空气调节》[2] 附录 3-4 可知，在常用的 V_y 范围内，JW 型 8 排表面冷却器能满足 $E'=0.947$ 的要求，所以决定选用 8 排。

根据《空气调节》[2] 附录 3-3 中 JW 型 8 排表面冷却器的阻力计算公式，可得空气阻力为：

$$\Delta H_s = 70.56 V_y^{1.21} = 70.56 \times (2.7)^{1.21} \text{ Pa} = 235 \text{ Pa}$$

水阻力为：

$$\Delta h = 20.19 \omega^{1.93} = 20.19 \times (1.2)^{1.93} \text{ kPa} = 235 \text{ kPa}$$

5.3.6 直接蒸发式表冷器

直接蒸发式表冷器是一种常用的空气热湿处理设备。虽然其功能、构造和水冷式表冷器基本相同，但因为它又是制冷系统中的一个部件，所以在计算方面也有一些特殊的地方。

在进行直接蒸发式表冷器的热工计算时，采用湿球温度效率 E_s 和通用热交换效率 E' 进行计算，其中直接蒸发式表冷器的湿球温度效率定义式是：

$$E_s = \frac{t_{s1} - t_{s2}}{t_{s1} - t_0} \tag{5-18}$$

式中的 t_0 是制冷系统的蒸发温度。E_s 的大小与蒸发器的结构形式、迎面风速及制冷剂性质有关，可由实验求得。

如果有了生产厂家提供的产品结构参数及 E_s、E' 值，则直接蒸发式表冷器的热工计算方法与水冷式表冷器大体相同。不过由于直接蒸发式表冷器又是制冷系统中的一个部件，因此它能提供的冷量大小一定要和制冷系统的产冷量平衡，即被处理空气从直接蒸发式表冷器得到的冷量应与制冷系统提供的冷量相等。也就是说，在这种情况下，应根据空调系统和制冷系统热平衡的概念对直接蒸发式表冷器进行校核计算，以便定出合理的蒸发温度、冷凝温度、冷却水温、冷却水量等，这里不再详述，可参考有关资料。

5.4 其他加热加湿方法

在空气热湿处理中，除利用喷水室对空气进行加热加湿，利用表面式换热器（空气加热器）对空气进行加热外，还可采用下面一些加热加湿方法。

5.4.1　用电加热器加热空气

电加热器是让电流通过电阻丝，使电阻丝发热而加热空气的设备。它有结构紧凑、加热均匀、热量稳定、控制方便等优点。但是电加热器由于利用的是高品位能源，因此只适宜在一部分空调机组和小型空调系统中应用。在恒温精度要求较高的大型空调系统中，也常用电加热器实现局部加热或做末级加热器使用。

电加热器有两种基本形式：裸线式和管式。

裸线式电加热器由裸露在气流中的电阻丝构成。在定型产品中，常把这种电加热器做成抽屉式，检修更为方便。裸线式电加热器的优点是热惰性小、加热迅速且结构简单，除由工厂批量生产外，使用者也可自己按图纸加工制成。它的缺点是电阻丝容易烧断，安全性差，所以使用时必须有可靠的接地装置，并应与风机连锁运行，以免发生安全事故。

管式电加热器由管状电热元件组成。这种电热元件是将电阻丝装在特制的金属套管中，中间填充导热性好的电绝缘材料，如结晶氧化镁等（图5-9）。管状电热元件除棒状外，还有U形、W形等其他形状，具体尺寸和功率可查产品样本。还有一种带螺旋翅片的管状电热元件，它具有尺寸小而加热能力强的优点。管状电热元件的优点是加热均匀、热量稳定、使用安全，缺点是热惰性大、结构复杂。

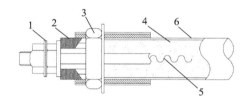

图5-9　管状电热元件

1—接线端子；2—瓷绝缘子；3—紧固装置；

4—绝缘材料；5—电阻丝；6—金属套管

在选用电加热器时，要先根据使用要求确定其类型，然后根据加热量大小和控制精度要求对电加热器进行分级，最后根据每级电加热器负担的加热量确定其功率。确定电加热器功率时同样应考虑一定的安全系数。

5.4.2　空气的其他加湿方法和设备

可以在空气处理室或送风管道内对送入房间的空气集中加湿，也可在房间内部对空气进行局部补充加湿。

空气的加湿方法有多种，如喷水加湿、喷蒸汽加湿、电加湿、超声波加湿、红外线加湿等。利用外界热源使水变成蒸汽与空气混合的方法在 $h-d$ 图上表现为等温过程，故称为等温加湿；水吸收空气本身的热量变成蒸汽而加湿，在 $h-d$ 图上表现为等焓过程，故称为等焓加湿或绝热加湿。下面介绍几种主要的加湿方法和设备。

（一）等温加湿

1. 干蒸汽加湿器

干蒸汽加湿器采用等温加湿的方法。干蒸汽加湿器由干蒸汽喷管、分离室、干燥室和电动或气动调节阀等组成（图5-10）。蒸汽由饱和蒸汽入口进入软管内，它对喷管内的蒸汽起加热、保温、防止蒸汽冷凝的作用。由于外套的外表面直接与被处理的空气接触，因此外套内将产生一些冷凝水并随蒸汽一道进入分离室。分离室断面大，使蒸汽减速，再加上惯性作用及分离挡板的阻挡，冷凝水便被分离出来。分离出冷凝水的蒸汽经由分离室顶部的调节阀减压后,再进入干燥室,残存在蒸汽中的水滴在干燥室中再汽化,最后从小孔中喷出的是干蒸汽。

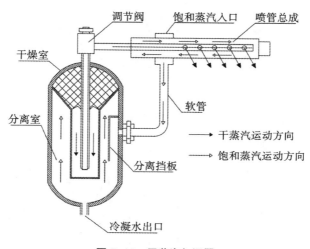

图 5-10　干蒸汽加湿器

干蒸汽加湿器安全可靠,加湿量容易控制,但必须在有蒸汽源的地方使用。为满足大空间大流量干蒸汽加湿的需求,可以通过特殊的流道设计,使其具有多级汽水分离功能,从而保证加湿器具有大流量干蒸汽加湿的效果[6]。

2. 电热式加湿器

电热式加湿器也采用等温加湿的方法。通常电热式加湿器是将管状电热元件置于水盘中做成的(图 5-11)。元件通电之后,依据焦耳定律,电热管产生热量,从而使水变成水蒸气,通过蒸汽扩散装置把水蒸气送入空气处理机或风管内,便创造了一个湿度环境[7]。补水靠浮球阀自动控制,以免发生断水空烧现象。此种电热式加湿器的加湿量大小取决于水温和水表面积。根据需要的加湿量也可确定水盘面积 F(m^2)。

将 PTC 发热元件(氧化陶瓷半导体发热元件)置于水中做成的加湿器又称 PTC 蒸汽加湿器。通电后水被加热而产生蒸汽,它有安全可靠、寿命长、易于控制等优点。

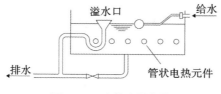

图 5-11　电热式加热器

3. 电极式加湿器

电极式加湿器采用的也是等温加湿的方法。电极式加湿器的构造如图 5-12 所示。它是利用三根铜棒或不锈钢棒插入盛水的容器中做电极,将电极与三相电源接通之后,就有电流从水中通过。在这里水是电阻,因而能被加热蒸发成蒸汽。除三相电外,也有使用两根电极的单相电极式加湿器。

水位越高,导电面积越大,通过的电流也越强,发热量也越大,所以,产生的蒸汽量多少可以通过调节水位高低来调节。

电极式加湿器的功率应根据所需加湿量大小,按下式确定(考虑结垢影响可设一安全系数):

$$N=W(h_q-ct_w) \tag{5-19}$$

式中： N ——加热功率，kW；

　　　W——蒸汽产生量，kg/s；

　　　h_q——蒸汽的焓值，kJ/kg；

　　　t_w——进水温度，℃。

电极式加湿器结构紧凑，而且加湿量容易控制，所以应用较多。它的缺点是电极易积水垢和易被腐蚀，因此，电极式加湿器宜用在小型空调系统中。

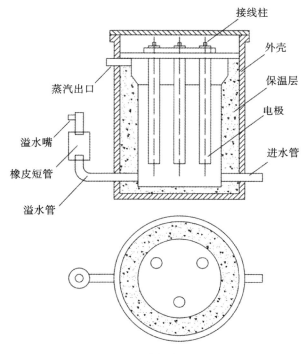

图 5-12　电极式加湿器

（二）等焓加湿

1. 高压喷雾加湿器

将自来水经过加湿器主机（内有加压泵）增压后，再通过特制的喷头喷到空气中去，并在空气中雾化，然后水雾粒子与空气进行热湿交换，蒸发后将空气加湿，这就是高压喷雾加湿器的原理（见图 5-13）。水雾粒子吸收空气中的热量蒸发为水蒸气而使空气中的含湿量增加，即空气的潜热增加，且空气的温度下降，即显热减少。在这个过程中空气的总焓值不变，此即为等焓加湿过程[8]。

喷头可以逆向喷射，也可以垂直于空气流喷射。喷嘴可单排，也可多排。

由于水在喷嘴中高速喷出时对喷嘴有强烈的冲刷作用，会使喷嘴严重磨损，影响加湿效果，因此要选用耐磨材料（如陶瓷）做喷嘴。

由于喷出的水量不可能完全蒸发，因此将蒸发的水量称为有效加湿量，而将有效加湿量与喷出总水量之比定义为加湿效率。现有产品的加湿效率为 33% 左右。

高压喷雾加湿器具有安全可靠等优点，经济效益也比较高。

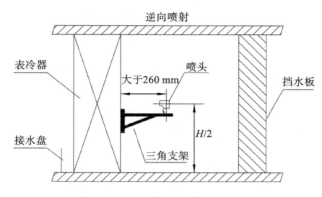

图 5-13　高压喷雾加湿器

2. 湿膜加湿器

湿膜加湿也是等焓加湿过程。将清洁的自来水或循环用水送到湿膜顶部的布水器，水在重力作用下沿湿膜表面下流，从而使湿膜表面湿润，干燥空气穿过湿膜时便被加湿，如图 5-14 所示。湿膜材料有复合型湿膜、玻璃纤维型湿膜和金属刺孔湿膜等，其中复合型湿膜材料因具有加湿性能好、机械强度高、防尘防霉菌效果好、可用自来水反复清洗等优点而得到广泛应用。但其容易结水垢的问题应当引起注意。

湿膜加湿器具有以下优点：①具有良好的降温效果；②使用范围广，可以用于绝大多数型号的空调；③有净化空气的作用；④不会产生再凝结和结露现象。湿膜加湿技术广泛用于需要精密控制的恒温恒湿场合，比如电子车间、印刷厂、通信机房等需要合适的温湿度来保障设备具有良好的机械指标并且对防静电和防涂尘的要求比较严格的场所[9]。

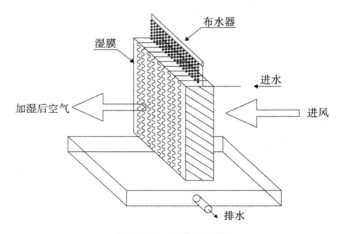

图 5-14　湿膜加湿器

3. 超声波加湿器

利用换能器（也叫振荡片）将电能转化成机械能，产生每秒 170 万次的高频振荡，将水快速雾化成直径为 $1 \sim 5 \, \mu m$ 的微粒，这些微粒扩散到空气中便吸收空气热量而蒸发成水蒸气，从而对空气进行加湿，这就是超声波加湿器的工作原理。超声波加湿器的主要优点是产生的水滴颗粒小，运行安静可靠。目前这种产品应用很广。超声波加湿器的缺点是容易在墙壁或设备表面留下白垢点，因此要求对水进行软化处理。

5.5　空气的除湿方法

除可用喷水室和表冷器对空气进行除湿处理外，还可以采用下面一些方法对空气进行除湿处理。

5.5.1　加热通风法

由焓湿图可知，单纯加热空气的等湿升温过程能降低空气的相对湿度，但不能减少空气中的含湿量，所以它不是一种根本的除湿方法。

如果能掌握有利时机，对需要除湿的房间进行通风，以含湿量低的室外空气代替含湿量高的室内空气，也能达到除湿目的。不过单纯通风不能调节室内温度，所以也就不能调节室内相对湿度。此外，该法还受室外气象条件限制，在有些季节很难达到除湿要求。

加热通风法综合了加热和通风方法的优点，而且由于这种除湿方法使用的设备简单，可节省初投资和运行费，所以在自然条件允许的地方应优先选用。

5.5.2　冷冻除湿机

冷冻除湿机是由制冷系统和风机等组成的除湿装置。需要除湿的空气经过蒸发器降温除湿，再经过冷凝器加热升温。经过冷冻除湿机后得到的是温度高但含湿量低的空气。在既需要除湿又需要加热的地方使用冷冻除湿机比较合理。注意，在室内产湿量大、产热量也大的地方，最好不用冷冻除湿机。

冷冻除湿机的优点是使用方便、效果可靠；缺点是使用条件受到一定限制，运行费较高。各种冷冻除湿机的除湿量及风量可查产品样本。

5.5.3　固体吸附剂

1) 固体吸附剂的除湿原理

固体吸附剂本身具有大量的孔隙，因此具有极大的孔隙内表面积。通常，1 kg 固体吸附剂的孔隙内表面积可达数十万平方米。吸附剂各孔隙内的水表面呈凹面。曲率半径小的凹面上水蒸气分压力比平液面上水蒸气分压力低，当被处理空气通过吸附材料层时，空气的水蒸气分压力比凹面上水蒸气分压力高，则空气中的水蒸气就向凹面迁移，由气态变为液态并释放出汽化潜热。

2) 硅胶除湿

空调工程中常采用的吸附剂是硅胶。硅胶（SiO_2）是用无机酸处理水玻璃时得到的玻璃状颗粒物质，它无毒、无臭、无腐蚀性，不溶于水。硅胶的粒径通常为 $2 \sim 5 \, mm$，密度为 $640 \sim 700 \, kg/m^3$。1 kg 硅胶的孔隙内表面积可达 $40 \times 10^5 \, m^2$，孔隙容积为其总体积的 70%，吸湿能力可达其质量的 30%。

硅胶有原色和变色之分。原色硅胶在吸湿过程中不变色，而变色硅胶，如氯化钴硅胶，本来呈蓝色，吸湿后颜色由蓝变红，逐渐失去吸湿能力。由于变色硅胶价格高，除少量直接使用外，通常是用它做原色硅胶吸湿程度的指示剂。

硅胶失去吸湿能力后可加热再生，使吸附的水分蒸发，再生后的硅胶仍能重复使用。

硅胶如果长时间停留在参数不变的空气中，则将达到某一平衡状态。在这一状态下硅胶的含湿量不再改变，称为硅胶平衡含湿量 d_s，单位为 g/kg。硅胶平衡含湿量 d_s 与空气温度 t 和空气含湿量 d 的关系见图 5-15，它代表硅胶吸湿能力的极限。硅胶的吸湿能力取决于被干燥空气的温度和含湿量。当空气含湿量一定时，空气温度越高，硅胶平衡含湿量越小，通常对高于 35 ℃ 的空气最好不用硅胶除湿。

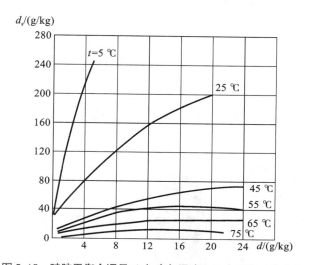

图 5-15　硅胶平衡含湿量 d_s 与空气温度 t 和含湿量 d 的关系

在使用硅胶或其他固体吸附剂时，都不应该达到吸湿能力的极限状态。这是因为吸附剂是沿空气流动方向逐层达到饱和的，不可能所有材料层都达到最大吸湿能力。

吸附剂层厚越小，饱和度达到极限值的有效厚度也越小。因此为了更充分地利用吸附剂，应尽可能加大吸附剂层厚。然而，随着厚度的增加，空气通过它的阻力也变大。

除硅胶外，也可以利用铝胶（Al_2O_3）来干燥空气。铝胶的孔隙容积为总体积的 30%，1 kg 密度为 800 kg/m^3 的干铝胶，孔隙内表面积可达 $25×10^4$ m^2。铝胶吸湿能力不如硅胶，且不宜用于干燥 25 ℃ 以上的空气。

采用固体吸附剂干燥空气，可使空气含湿量变得很低，但干燥过程中释放出来的吸附热又加热了空气，所以固定吸附剂最适合用于既需要干燥空气又需要加热空气的地方。

固体吸附剂在除湿过程中将产生 2930 kJ/kg 吸附热，其中湿润热为 420 kJ/kg，其余为凝结潜热。吸附热不仅使吸附剂本身温度升高，而且加热了被干燥的空气。有时为了冷却吸附剂和被干燥的空气，在吸附层中设冷却盘管。如前所述，冷却吸附剂还能提高其吸湿能力。

吸附剂达到含湿量的极限时，就失去了吸湿能力。为了重复使用吸附剂，可对其进行再生处理，即用 180 ～ 240 ℃ 的热空气（或净化了的烟气）吹过吸附剂层。在高温空气（或烟气）作用下，孔隙中的水分蒸发，并随热空气（或烟气）排掉。在再生过程中，吸附剂将被加热到 100 ～ 110 ℃，因此在重复使用之前需要冷却。

固体吸附剂的除湿方法分为静态和动态两种。静态除湿就是让潮湿空气呈自然流动状态与吸附剂接触，而动态除湿是让潮湿空气在风机作用下通过吸附剂层。显然，动态除湿比静态除湿效果好，但设备复杂。

在工程上经常需要连续制备干燥空气，因此采用动态除湿必须解决吸附剂的再生问题。一种办法是在空气流动方向上采用两套并联的设备，一套除湿时，另一套再生，切换使用。另一种办法是采用转动式除湿设备，干燥与再生同时进行。

3）氯化锂转轮除湿机

氯化锂转轮除湿机利用一种特制的吸湿纸来吸收空气中的水分。吸湿纸以玻璃纤维滤纸为载体，将氯化锂等吸湿剂和保护加强剂等液体均匀地吸附在滤纸上烘干而成。存在于吸湿纸内的氯化锂等晶体吸收水分后生成结晶水而不变成盐水溶液。常温时吸湿纸上的水蒸气分压力比空气中的水蒸气分压力低，所以能够从空气中吸收水蒸气；而高温时吸湿纸上的水蒸气分压力高于空气中的水蒸气分压力，因此又可将吸收的水蒸气放出来。如此反复循环使用，可达到连续除湿的目的。

图5-16是氯化锂转轮除湿机工作原理图。这种除湿机由吸湿转轮、传动机构、外壳、风机及再生用加热器（电加热器或热媒为蒸汽的空气加热器）等组成。转轮由交替放置的平吸湿纸和压成波纹的吸湿纸卷绕而成。在转轮上形成了许多蜂窝状通道，因而也形成了相当大的吸湿面积。转轮以每小时数转的速度缓慢旋转，潮湿空气由转轮一侧的3/4部分进入干燥区，再生空气从转轮另一侧的1/4部分进入再生区。

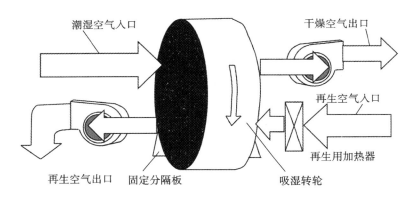

图5-16　氯化锂转轮除湿机工作原理图

氯化锂转轮除湿机吸湿能力较强，维护管理方便，是一种较理想的除湿设备。目前，许多厂家都有定型产品可供选用。除湿冷却式空调系统在节能、节电和减少环境污染方面有一定应用前景，同时也为工业余热和太阳能的利用开辟了新的途径。

5.5.4　液体吸湿剂

1）液体吸湿剂概述

氯化锂、溴化锂、氯化钙等盐类的水溶液和三甘醇等有机物质对空气中的水蒸气也有强烈的吸收作用，因此在空调工程中也常利用它们达到除湿的目的，并统称它们为液体吸湿剂。

三甘醇曾被用作空调系统的液体吸湿剂。但它是有机溶剂，黏度较大，不利于系统的稳定工作，而且它容易挥发，会随空气进入房间对人体造成危害，上述缺点妨碍了它在民用建筑溶液除湿系统中的使用。

氯化钙是一种无机盐类化合物，具有很强的吸湿性。它吸收空气中的水分后成为水合物。无水氯化钙是白色呈菱形的多孔结晶块，略带苦咸味，价格低廉，来源丰富。氯化钙水溶液吸湿能力比固体低，但仍有较强的吸湿能力。不过它对金属有很强的腐蚀性，而且它的溶解性不好、黏度大，长期使用会有结晶现象发生，所以使用范围受到一定的限制。

溴化锂常温下是天然晶体，无毒、无臭、有苦咸味，极易溶于水。溴化锂水溶液有较强的吸湿能力，对金属材料的腐蚀性比氯化钙水溶液低，浓度在 60% ～ 70% 时在常温下就可能结晶，所以使用浓度不应超过 70%。

氯化锂是一种白色立方晶体，在水中溶解度很大。氯化锂水溶液无色透明、无毒无臭，黏度小，传热性能好，容易再生，化学稳定性好，在常温条件下不分解、不挥发，吸湿能力大。氯化锂水溶液浓度大于 40% 时即发生结晶现象，所以用于除湿的溶液浓度宜小于 40%。氯化锂水溶液对一般金属也有一定的腐蚀作用，但钛和钛合金、含钼的不锈钢、镍铜合金等能耐氯化锂水溶液的腐蚀。

2）液体吸湿剂除湿系统

为了增加空气和盐水溶液的接触面积，在实际工作中，往往是让被处理的湿空气通过喷液室或填料塔等除湿器，在溶液和空气充分接触的过程中达到除湿目的。

在采用有腐蚀性的溶液时，必须解决防腐问题。最好采用耐腐蚀的管道和设备以及效果可靠的气液分离设备。

盐水溶液吸湿后，浓度和温度将发生变化，为使溶液连续重复使用，需要对稀溶液进行再生处理。

再生时稀溶液可以由热水（或蒸汽）盘管表面或电热管表面加热而浓缩，也可以由热空气加热而成浓溶液。

使用热空气再生的溶液再生器，从构造上看与使用溶液吸湿的空气除湿器几乎没有区别，只不过二者中空气与溶液的热质交换方向相反而已。

图 5-17 是一个利用溶液对空调系统新风进行除湿的除湿系统工作原理图，它由除湿器（此处为新风机组的除湿段）、再生器、储液罐、溶液泵和管路系统组成。在溶液除湿系统中，目前采用分散除湿、集中再生的方式较为常见，即将集中再生后的浓溶液分别供应到多个新风机组的除湿器中进行除湿。

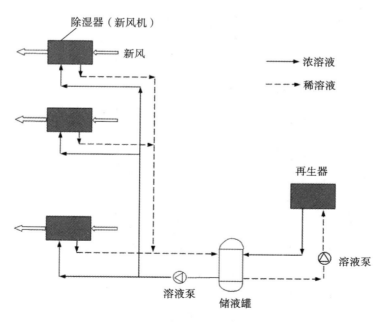

图 5-17 典型的溶液除湿系统工作原理图

除湿器是溶液除湿系统的主要部件,目前在工程上多采用填料喷淋式除湿器,即将溶液喷洒在填料上再与湿空气接触,它有构造简单和比表面积大等优点。由于这些除湿器内部无冷却装置,因此又称它们为绝热型除湿器。图 5-18 就是一种绝热型除湿器的构造示意图。

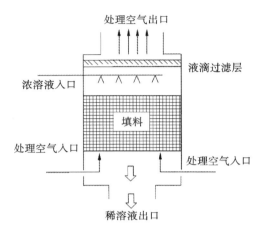

图 5-18 绝热型除湿器构造示意图

在除湿器内部,吸湿溶液吸收空气中的水分后,绝大部分水蒸气的汽化潜热进入溶液,使得溶液温度显著升高,同时溶液表面的水蒸气分压力随之升高,导致其吸湿能力下降。如果此时就将溶液浓缩再生,溶液浓度变化太小,会使再生器工作效率很低。为解决这个问题,目前常见的做法之一是使用内冷型除湿器,利用冷却水或冷却空气(都不与被处理空气直接接触)将除湿过程放出的热量带走,以维持溶液较高的吸湿能力。这样一来,溶液在除湿器前后的浓度可有较大变化。

3)液体吸湿剂除湿方法的优点

在空调工程中,目前最常用的空气除湿方法是用表冷器(或喷水室)降温除湿。这样,为了满足除湿要求,经常要把空气冷却到很低的温度。可以说冷源的低温要求首先是为了满足除湿要求而设定的,否则蒸发温度可以高很多。实际上,为了除湿,在冷凝过程中把干空气也冷却到了同样低的温度,而在某些情况下还需要再热来满足送风要求,这些都造成了能源的浪费。

与之相比较,液体吸湿剂除湿方法能对空气的除湿和降温分别进行处理和调节,从而使用较高温度的冷源就能把空气处理到合适的送风状态,不仅提高了制冷机的效率,还能避免常规空调系统和设备中大量凝水和由此产生霉菌等,有利于提高室内空气品质。此外,液体吸湿剂除湿系统可以使用低品位热能,为低温热源的利用提供了有效途径;如能贮存浓溶液,也可实现蓄能。

5.6 小结

本章内容为新风热湿处理的原理与技术。新风的热湿处理包括对室外空气进行加热、冷却、加湿、除湿。本章首先依据焓湿图介绍了空气热湿处理的各种方案及设备类型。针对常见的空气与水直接接触时的热湿交换现象,阐述了相关原理及空气状态变化过程。对于空气处理过程中应用广泛的表面式换热器,详细介绍了其热湿交换过程、热工及阻力的计算方法。在空调系统中,除了利用喷水室对空气进行加热加湿,利用表面式换热器(空气加热器)对空气进行加热外,还可采用电加热器加热空气,采用干蒸汽加湿器、电热式加湿器、电极式加湿器进行等温加湿,采用高压喷雾加湿器、湿膜加湿器、超声波加湿器等对空气进行等焓加湿。除了加湿，空气的除湿也是新风处理的重要内容，本章主要介绍了使用加热通风法、冷冻除湿机、固体吸附剂及液体吸湿剂对新风进行除湿的方法。

参考文献

[1] 连之伟 . 热质交换原理与设备 [M]. 北京：中国建筑工业出版社，2006.

[2] 章熙民，任泽霈，梅飞鸣 . 传热学 [M].5 版 . 北京：中国建筑工业出版社，2007.

[3] 赵荣义，范存养，薛殿华，等 . 空气调节 [M].4 版 . 北京：中国建筑工业出版社，2009.

[4] 刘仲凯 . 表面式空气换热器热工计算的一种试算方法 [J]. 暖通空调， 2008, 38（11）：112-115.

[5] 霍本禹 . 表面式换热器传热计算微机程序 [J]. 宁夏电力，1995（2）：29-35.

[6] 马平昌，高飞，刘玥，等 . 大流量干蒸汽加湿器的研制 [J]. 暖通空调，2020, 50（07）:133-136.

[7] 曹向军，昝世超，周俊海 . 电热式加湿器的阻力计算及应用 [J]. 制冷空调与电力机械，2011(4):55-57.

[8] 昝世超，商允恒，肖飙，等 . 高压喷雾加湿的分析和应用 [J]. 制冷与空调，2006, 6(2):41-43.

[9] 冯小英，朱晓倩，郑晨颖，等 . 湿膜加湿器的发展现状及前景 [J]. 陕西建筑，2016, 42(20):131-132.

6

空气净化原理与技术

室内空气净化技术是指为了达到符合健康要求的空气洁净度，而需要对建筑室内的空气污染物进行控制所采用的一系列去除措施或手段。新风在送入室内之前，同样需要进行净化。

目前，民用建筑空气净化常用技术包括机械过滤、吸附、吸收、纳米光催化降解、臭氧法、紫外线照射法、等离子体净化法、静电除尘和植物净化等[1, 2]。这些技术可以归结为三大类，即悬浮颗粒物净化技术[1]、气态污染物净化技术[2]、微生物污染物净化技术[3]。

6.1　悬浮颗粒物净化技术

悬浮颗粒物是悬浮在大气中的固体、液体颗粒状物质（或称气溶胶）的总称。由于来源和形成不同，其形状、密度、粒径大小和光、电、磁学等物理性质及化学组成有很大差异。空气中颗粒物的粒径从 0.001 μm 至 1000 μm 甚至更大，一般粒径大于 50 μm 的颗粒物受重力作用很快沉降到地面，在大气中滞留几分钟到几小时；粒径为 0.1 μm 的颗粒物不但在大气中滞留时间长，而且迁移距离远。这些悬浮颗粒物可采用机械除尘方式，以静电除尘方式以及负离子净化方式进行去除净化[4]。

6.1.1　机械除尘空气净化

机械除尘，是指用机械力（重力、惯性力、离心力等）将尘粒从气流中除去的技术，适用于含尘浓度高和颗粒粒径较大的气流。按除尘力的不同，机械除尘设备可设计成重力除尘器、惯性除尘器和离心式除尘器（又称旋风除尘器）等，广泛用于除尘要求不高的场合或用作高效除尘装置的前置预除尘器。

1）重力除尘器

重力除尘器适于捕集粒径大于 50 μm 的粉尘粒子，设备较庞大，无运动部件，适合处理中等气量的常温或高温气体，多作为袋式除尘的预除尘器（图 6-1）。

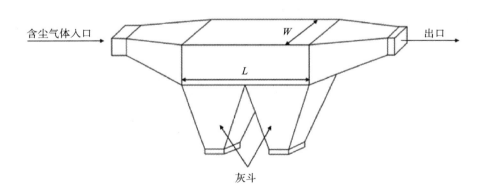

图 6-1　重力除尘器示意图

2）惯性除尘器

惯性除尘器是利用粉尘在运动中惯性力大于气体惯性力的作用，将粉尘从含尘气体中分离出来的设备（图 6-2）。这种除尘器结构简单，阻力小，但除尘效率较低，一般用于一级除尘。过滤网是典型的惯性除尘器。

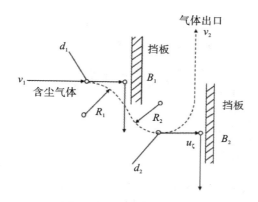

图6-2 惯性除尘器示意图

3）离心式除尘器

离心式除尘器是利用离心力从气体中除去粒子的设备，又称旋风除尘器（图6-3）。它和惯性除尘器的区别在于：后者的气流只是简单地改变流动方向，或只做半圈或一圈旋转；而离心式除尘器中的气流旋转不止一圈，旋转速度也很快，因此旋转气流中的粒子受到的离心力比重力大得多。小直径、高阻力的离心式除尘器的离心力比重力可大2500倍，大直径、低阻力的离心式除尘器最少也要大5倍。所以，离心式除尘器除去的粒子比重力除尘器除去的粒子要小得多。但离心式除尘器的压力损失一般比重力除尘器和惯性除尘器高，因而消耗的动力大。离心式除尘器由于结构简单，没有运动部件，造价便宜，维护管理工作量极少，因此除单独使用外，还常用作袋式除尘的预除尘器。

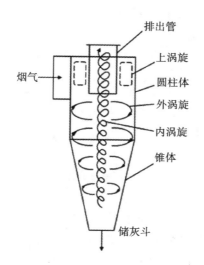

图6-3 离心式除尘器示意图

机械除尘的特征表现在以下几个方面。

（1）机械除尘利用的力比较单一。重力除尘利用的是重力。所谓重力，即地球吸引其他物体的力。惯性除尘利用的是惯性力。惯性是物质的基本属性之一，反映物体具有保持原有运动状态的性质。惯性力是反映物质自身运动状态的力，物质受到外力时改变运动状态。在相同的作用力下，惯性小的物体比惯性大的物体容易改变运动状态，即得到的加速度比较大，这对惯性小的粉尘分离是有利的。旋风除尘利用的是离心力。所谓离心力，是指做圆周运动的物体对施于它的向心力的旋转体的反作用力。利用离心力分离非均相系统的分离过程通称离心分离。它是依据在旋转过程中质量大的、旋转速度快的物质获得的离心力也大的原理进行工作的。

（2）机械除尘装置构造简单且没有运动部件。由于机械除尘装置没有运动部件，因此此类装置故障少，容易操作和管理，运行费用相对较低，投资费用也较少。

（3）机械除尘对微小粉尘的去除能力比较弱。它对粒径较大（大于 50 μm）的粉尘有较好的除尘效果，但对粒径较小（小于 5 μm）的粉尘分离效果较差。同时，对真密度小的粉尘颗粒也不易有效去除。尽管如此，机械除尘仍有广泛的应用。

（4）机械除尘可以用于多级除尘的第一级分离，也可以单独使用。当单独使用时，一般用于对除尘效率要求不高，或者仅仅需要简单除尘的场合。

（5）机械除尘作用力单一，但设计计算复杂，而且设计计算数据往往与实际运行结果不吻合，这是因为机械除尘容易受到多种因素的影响，特别是外来气流（如漏风）对除尘影响特别大。

6.1.2　静电除尘空气净化

静电除尘是气体除尘方法的一种。含尘气体经过高压静电场时被电分离，尘粒与负离子结合带上负电后，趋向阳极表面放电而沉积。静电除尘器在冶金、化学等工业中用以净化气体或回收有用尘粒（图6-4）。

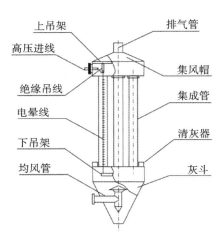

图6-4　静电除尘器示意图

静电除尘器有以下几个优点：①净化效率高，能够捕集粒径在 0.01 μm 以上的细粒粉尘。在设计中可以通过选用不同的操作参数，来达到所要求的净化效率。②阻力损失小，一般在 200 Pa 以下，和旋风除尘器比较，即使考虑供电机组和振打机构耗电，其总耗电量仍比较小。③允许操作温度高，如 SHWB 型电路除尘器最高允许操作温度为 250 ℃，其他类型还有达到 350～400 ℃或者更高的。④处理气体范围量大。⑤可以完全实现操作自动控制。

静电除尘器也有缺点：①设备比较复杂，要求相关人员设备调试和安装以及维护管理水平高。②对粉尘比电阻有一定要求，所以对粉尘有一定的选择性，不能使所有粉尘都获得很高的净化效率。③受气体温、湿度等操作条件的影响较大。对于同一种粉尘，如在不同温度、湿度下操作，所得的效果不同。对于有的粉尘，在某一个温度、湿度下除尘效果很好，而在另一个温度、湿度下，由于粉尘比电阻的变化，几乎不能使用静电除尘器去除了。

6.1.3 负离子空气净化

1. 负离子概述

空气中的离子按体积大小可分为轻离子、中离子、重离子 3 种。一部分正、负空气离子将周围 10 ~ 15 个中性气体分子吸附在一起形成轻空气离子。轻空气离子的直径为 10^{-7} cm，在电场中的运动速度为 1 ~ 2 cm/s。中、重空气离子多由灰尘、烟雾等结合而成。重离子的直径约为 10^{-5} cm，在电场中运动较慢，运动速度仅为 0.0005 cm/s。中离子的大小及活动性介于轻、重离子之间。通常用 "N^+" 和 "N^-" 分别表示正、负重离子，用 "n^+" 和 "n^-" 分别表示正、负轻离子。空气离子的带电量为 4.8×10^{-10} V。空气离子的含量通常以 1 mL 空气中离子的个数来标定。由于空气离子荷电的极性不同，对人体的生理效应不同，因此在实际应用中必须分别测定正、负离子的浓度。

空气的清洁度与空气中负离子的浓度密切相关。海滩、森林、高山、湖边等处之所以令人心醉，主要是因为空气中有较高含量的负离子。雷电过后，产生大量的负离子，使空气格外清新；由于海浪的频繁涌动，海边空气中也会形成大量的负离子。相反，空气中过多的正离子会引起失眠、头疼、心烦、血压升高等反应。在人群密集、空气污浊的场所，空气正离子骤增，给人以心烦意乱、头疼疲乏之感。空气中的负离子不仅能使空气格外新鲜，还可以杀菌和消除异味。当空气中负离子的浓度较高时，能抑制多种病菌的繁殖，降低血压和消除疲劳，促进人体的新陈代谢，改善肺的通气功能和换气功能，增加呼吸系数（吸收 O_2 增加 20%，排放 CO_2 增加 14.55%）和促进人体生长发育。因而人们将空气中的负离子比喻为"蓝色维生素"或"空气长寿素"。

2. 空气负离子的发生技术

空气负离子的发生技术主要有电晕放电、水动力型负离子发生和放射性负离子发生 3 种，其中电晕放电是最常用的负离子发生技术。

1）电晕放电

电晕放电是将充分高的电压施加于一对电极上，其中高压负极连接在一根极细的针状导线上，在放电极附近的强电极区域内，气体中的自由电子被加速产生，并进一步碰撞电离。这个过程在瞬间重演了无数次，于是形成被称为"电子雪崩"的积累过程，在放电极附近的电晕内，产生大量的自由电子和正离子，其中正离子被加速引向负极，释放电荷。而在电晕外区，形成了大量的气体负离子。图 6-5 是电晕放电的原理示意图。

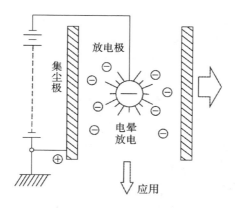

图 6-5 电晕放电原理示意图

2）水动力型负离子发生

水动力型负离子发生技术是利用动力设备和高压喷头将水从容器中雾化喷出，雾化后的水滴以气溶胶形式带负电而成为负离子，产生的负离子的浓度取决于水的雾化状况，一般可达到 $10^4 \sim 10^5$ 个 /cm³。水滴带电是通过外加力剥离水滴形成水雾（细小水雾），水雾从水滴表面脱离时带上负电荷；与此同时，剩余水滴带上等量的正电荷。

3）放射性负离子发生

放射性负离子发生技术是利用放射性物质或紫外线电离空气产生负离子，其特点是设备简单，产生的负离子浓度高，但需要有特殊的防辐射措施，使用不当会对人体产生危害。因此，在一般情况下不宜使用。

3. 空气负离子的净化效应

空气负离子借助凝结和吸附作用，附着在固相或液相污染物微粒上，从而形成大离子并沉降下来，起到降低空气污染物浓度、净化空气的作用。在污染物浓度高的环境里，若清除污染物所损失的负离子得不到及时补偿，则会出现正、负离子浓度不平衡状态，存在空气正离子浓度偏高的情况，使人产生不适感。故在此环境下，需要人为产生负离子来补偿不断被污染物消耗掉的负离子。这样，一方面能维持正负离子的平衡；另一方面可以不断清除污染物，从而达到改善空气质量的目的。

单纯依靠负离子发生器产生的负离子来净化空气是片面的，因为空气中的负离子极易与空气中的尘埃结合，成为具有一定极性的污染粒子，即重离子。而悬浮的重离子在降落过程中，依然附着在室内家具、电视机屏幕等上，当人活动时又会使其再次飞扬到空气中，造成室内空气的污染。所以负离子发生器只是吸附灰尘，并不能清除空气污染物或将其排出室外。

6.2 气态污染物净化技术

气态污染物是在常态、常压下以分子状态存在的污染物，包括气体和蒸气。气态污染物又可以分为一次污染物和二次污染物。一次污染物是指直接从污染源排到空气中的原始污染物质。在大气污染控制中受到普遍重视的一次污染物有硫氧化物、氮氧化物、碳氧化物以及有机化合物等。气态污染物的净化通常利用化学、物理及生物方法，将气态污染物从废气中分离或转化。气态污染物的净化有多种方法，广泛采用的有吸收法、吸附法、燃烧转化法、催化转化法等，其他的方法还有冷凝、生物净化、膜分离及电子辐射－化学净化等[4]。

6.2.1 吸附净化技术

吸附作为工业上的一种分离过程，能脱除痕量（ 10^{-6} 级）物质，已经广泛应用于化工、石油、食品、轻工业等工业部门。吸附是指当流体与多孔固体接触时，流体中某一组分或多个组分在固体表面产生积蓄的现象。吸附也指物质（主要是固体物质）表面吸住周围介质（液体或气体）中的分子或离子的现象。具有吸附作用的固体称为吸附剂，被吸附的物质称为吸附质。吸附法就是利用多孔性的固体物质，将一种或几种物质吸附在其表面而去除的方法。根据固体表面吸附力的不同，吸附可分为物理吸附与化学吸附。

物理吸附是指吸附剂和吸附质之间通过分子间引力（即范德华力）产生的吸附。物理吸附因不发生化学作用，所以在低温下就能进行。一种吸附剂可吸附多种吸附质，没有选择性，只是一种吸附剂对各种吸附质的吸附量不同而已。物理吸附具有以下特性：①具有可逆性（可逆过程），即低温下吸附，高温下解析；②吸附和解析后的物质性质没有改变；③一种吸附剂可吸附多种物质，无选择性（只是吸附量不同而已）。

化学吸附是吸附剂和吸附质之间发生化学作用，是由化学键力引起的。化学吸附具有以下特性：①一般在较高温度下进行；②吸附具有选择性（只能吸附一种或几种物质）；③吸附过程一般为不可逆过程；④不易解析，只有在高温下才会解析，解析的气体会改变原特性。

物理吸附和化学吸附并不是孤立的，往往相伴发生。常用吸附剂及其功能见表6-1。

表6-1　常用吸附剂及其功能

吸附剂	可去除的有害气体
活性炭	苯、甲苯、二甲苯、丙酮、乙醇、乙醚、甲醛、苯乙烯、氯乙烯、硫化氢、氯气、硫氧化物、氮氧化物、氯仿、一氧化碳
浸渍活性炭	烯烃、胺、酸雾、碱雾、硫醇、二氧化硫、氟化氢、氯化氢、氨气、汞、甲醛
活性氧化铝	硫化氢、二氧化硫、氟化氢、烃类
浸渍活性氧化铝	甲醛、氯化氢、酸雾、汞
硅胶	氮氧化物、二氧化硫、乙炔
分子筛	氮氧化物、二氧化硫、硫化氢、氯仿、烃类

6.2.2　吸收净化技术

吸收净化是含有气态污染物的空气与选定的液体紧密接触，其中的一种或多种有害组分溶解于液体，或者与液体中的组分发生选择性化学反应，从而将污染物从气流中分离出来的操作过程。气体吸收的必要条件是废气中的污染物在吸收液中有一定的溶解度。吸收过程中所选用的液体称为吸收剂，或称为溶剂。被吸收的气体中可溶解的组分称为吸收质，或称为溶质，不能溶解的组分称为惰性气体。

吸收分为物理吸收和化学吸收两种。前者比较简单，可以视为单纯的物理溶解过程，例如用水吸收氯化氢或二氧化碳等。化学吸收是吸收过程中吸收质与吸收剂之间发生化学反应，例如用碱液吸收氯化氨或二氧化硫，或者用酸液吸收氨等。

用吸收法净化气态污染物不仅效率高，而且可以将某些污染物转化成有用的产品进行综合利用。例如用15%～20%二乙醇胺水溶液吸收石油炼制尾气中的硫化氢，可以再制取硫黄。因此，吸收法被广泛用于气态污染物的净化。含SO_2、H_2S、NO_x、HF等污染物的废气都可以经过吸收法去除有害组分。由于废气量大、成分复杂、污染物浓度低，而吸收效率和吸收速率一般要求比较高，因此物理吸收往往达不到排放标准，多采用化学吸收来净化气态污染物。吸收净化技术多用于工业系统。

6.2.3　光催化净化技术

光催化技术是利用光和钛催化剂促进光催化氧化反应，使有机污染物降解为简单分子，同时具有杀菌作用的一种技术。使用光催化技术的净化设备使用寿命长，净化效率也高，但经济成本较高，普及性不是很好。

光催化净化是基于催化剂在紫外线照射下具有氧化还原能力而净化污染物的，即"催化剂＋紫外线照射—氧化、还原—吸附净化污染物"。

光催化原理示意图如图6-6所示。TiO_2是一种常用的催化剂。TiO_2是一种N型纳米半导体，有很强的氧化性和还原性。在光化学反应中，以TiO_2做催化剂，在太阳光尤其是紫外线（波长λ小于387.5 nm）的照射下，TiO_2固体表面生成空穴（h^+）和电子（e^-），空穴使H_2O氧化，电子使空气中的O_2还原。在此过程中，生成OH基团。OH基团的氧化能力很强，可使有机物（VOC）被氧化、分解，最终分解为CO_2和H_2O。

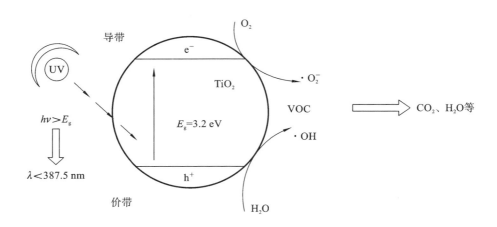

图 6-6 光催化原理示意图

光催化技术的主要特点如下：

（1）直接用空气中的 O_2 做氧化剂，反应条件温和（常温、常压）；

（2）可以将有机污染物分解为 CO_2 和 H_2O 等无机小分子，净化彻底；

（3）半导体光催化剂化学性质稳定，氧化还原性强，不存在吸附饱和现象，使用寿命长。

光催化氧化分解挥发性有机物，可以利用空气中的 O_2 做氧化剂，反应能在常温常压下进行，在分解有机物的同时还能杀菌除臭，所以特别适合用于室内挥发性有机物的净化。

6.2.4 等离子体净化技术

等离子体（plasma）是一种特殊的导电气态物质，又被称为除了气态、液态和固态之外的第四种物质状态，是电子、离子、原子、分子或自由基等粒子组成的集合体。依据等离子体的粒子间温度差（即电子温度 T_e 与离子温度 T_i 之差），可以把等离子体分为两大类：①热平衡等离子体；②非热平衡等离子体。

当 $T_e = T_i$ 时，称为热平衡等离子体，简称热等离子体（thermal plasma）。当 $T_e > T_i$ 时，称为非热平衡等离子体。

在电子、离子发生早期，电子温度可高达 10^4 K 以上，而离子和原子之类的重粒子温度范围为 $300 \sim 500$ K，基本接近室温。因此，按其重粒子温度也叫作低温等离子体或冷等离子体。非平衡态的等离子体的电子具有足够高的能量使反应物分子激发、离解和电离，同时反应体系又可保持低温，乃至接近室温。

自 20 世纪 70 年代开始研究利用等离子体净化气态污染物以来，该技术显示出了独特的优点和良好的发展前景。等离子体净化法具有处理流程短、效率高、能耗低、适用范围广等优点。等离子体既可用于处理废气，又可用于处理废水、固体废物、污泥，甚至放射性废物。

根据等离子体区中是否填充了绝缘介质，把等离子体反应器分为空腔式和填充式两种类型。

1. 空腔式反应器

根据空腔式反应器中电极的结构形式，将其分为线 - 筒式和线 - 板式，如图 6-7、图 6-8 所示。

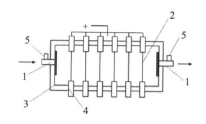

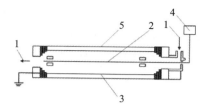

图 6-7　空腔式反应器（线－板式）

图 6-8　空腔式反应器（线－筒式）

1—气体进（出）口；2—电晕线；3—壳体；

1—气体进（出）口；2—电晕线；3—不锈钢管；

4—绝缘体；5—进（出）口采样管

4—脉冲电源；5—玻璃管

这些反应器都是从电除尘器发展而来的，与电除尘器的不同之处是电除尘器的供电方式大多采用直流负电，其主要目的是脱除废气中的颗粒物；而在等离子体反应器中，为了提供高浓度的等离子体，大多采用高压纳秒级脉冲或高压纳秒级脉冲叠加直流供电，其主要目的是脱除空气中的有害气体。

2. 填充式反应器

这种反应器是用不同的绝缘介质作为填充物的极电反应器。在反应器中填充的主要介质有 TiO_2、Al_2O_3、$BaTiO_3$ 等，如图 6-9、图 6-10 所示。

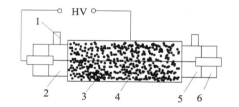

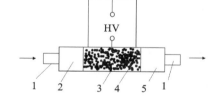

图 6-9　填充式反应器（线－筒式）

图 6-10　填充式反应器（平行板式）

1—气体进（出）口；2—多孔挡板；3—接地极；

1—气体进（出）口；2—低压电极；3—Al_2O_3 颗粒；

4—Al_2O_3 颗粒；5—电晕极；6—筒体

4—高压电极；5—筒体

加高脉冲或交变电压时，颗粒会被部分极化，在颗粒与颗粒的接触点附近将形成强电场，导致该处附近的气体发生局部放电而形成非平衡等离子体空间，被处理气体通过相对较窄的等离子体区时很容易被氧化降解。与空腔式反应器相比，填充式反应器的能耗高，气体阻力相对较大。

6.2.5　植物净化技术

在室内养植特定的植物，可以很好地改善室内空气质量，如在 24 小时的照明条件下，芦荟可消灭 11 m³ 空气中 90％ 的甲醛，常青藤可消灭 90％ 的苯，龙舌兰可吞食 70％ 的苯、50％ 的甲醛和 24％ 的三氯乙烯。此外，植物还能制造氧气、杀菌，并美化环境。

具有净化功能的花草可分为能吸收有害化学物质的花草、可以杀病菌的花草，以及能除尘的花草等。

1）能吸收有害化学物质的花草

芦荟、吊兰、虎尾兰、一叶兰、龟背竹等是天然的"清道夫"，可以清除空气中的有害物质；石榴、菊花、蜡梅等则有吸收硫、氯化氢、汞等的能力；月季能够较多地吸收硫化氢、苯、苯酚、氯化氢、乙醚等有害气体。

2）可以杀病菌的花草

茉莉、米兰、桂花、紫薇、月季、玫瑰等能散发出具有杀菌作用的挥发油，具有较强的消毒功能。紫薇、茉莉、柠檬等在55分钟内即可杀死白喉菌和痢疾菌等原生菌。

3）能除尘的花草

兰花、桂花、蜡梅、花叶芋、红背桂、无花果、蓬莱蕉和普通芦荟等是天然的除尘器，其纤毛能截留并吸滞空气中的飘浮微粒及烟尘。

4）使精神放松的花草

丁香、茉莉、玫瑰、紫罗兰、薄荷等植物有利于睡眠，可使人放松、精神愉快，还能大大提高工作效率；桂花的香气能唤起人们美好的记忆和联想，沁人心脾，有使疲劳顿消之功能。

6.3 微生物污染物净化技术

空气微生物是指悬浮于空气中的体形微小、结构简单、肉眼看不见，必须借助光学显微镜或电子显微镜放大数百倍甚至数万倍才可以观察到的微小生物。常见的空气微生物有细菌、病毒、真菌、尘螨、动物皮屑及具有生物活性的物质。过高浓度的室内微生物会对人类健康造成很大影响。此外，微生物种类繁多，其中某些致病菌即使浓度较低，也可以引起严重的疾病。空气微生物污染净化的技术主要有三大类，即臭氧净化技术、紫外线杀菌技术、电离辐射灭菌技术。

6.3.1 臭氧净化技术

1. 臭氧概述

臭氧（O_3）是由1个氧分子（O_2）携带1个氧原子（O）组成的。臭氧是强氧化剂之一，具有高效消毒和催化作用。臭氧有以下特性：①常温下是淡蓝色、带草腥味的气体；②标准状态下，臭氧的密度是2.144 kg/m³；③臭氧在水中的溶解度是氧的10～15倍，但稳定性较差；④具有强氧化能力，几乎对所有的金属都有氧化腐蚀作用。

100多年来，各国在开发和利用臭氧技术方面做了大量研究，臭氧净化技术在室内环境污染治理中已被大量使用。臭氧作为一种氧化性和杀菌性能极强的氧化剂，被广泛用于食品加工、医疗卫生及餐具消毒和水处理等行业。臭氧易分解为氧，不便于收集贮存，必须在常温或低温下现场生产。臭氧的主要生产方法有紫外照射法、电解法、放射化学法和介质阻挡放电（DBD）法。目前DBD法是大规模生产臭氧的主要方法。

2. 臭氧在空气净化中的作用

臭氧的应用主要依赖于其极强的氧化能力与灭菌消毒性能，即氧原子可以氧化细菌的细胞壁，利用击穿细胞壁与体内的不饱和键化合而杀灭细菌。臭氧在污染治理、消毒、灭菌过程中，还原成氧气和水，故在环境中不存在残留物。

臭氧在室内空气净化中的应用是将臭氧直接与室内空气混合或将臭氧直接释放到室内空气中，利用臭氧极强的氧化作用，达到灭菌消毒的目的。由于将臭氧直接释放到空气中，整个室内空间及该空间的所有物品周围，都充满了臭氧气体，因而灭菌消毒范围广。

臭氧除了具有灭菌消毒作用外，还可基于自身的强氧化性快速分解带有臭味及其他气味的有机或无机物质，迅速消除室内各种挥发性有机化合物的毒害。

另外，臭氧可以氧化分解果蔬生理代谢作用呼吸出的催熟剂——乙烯气体，所以还具有消除异味、防止老化和保鲜的作用。

3. 臭氧净化技术应用中的注意事项

（1）将臭氧发生器放置在高处。臭氧密度比空气大，将臭氧发生器放置在高处有利于臭氧的下沉散播。

（2）湿度要适当。在相对湿度为 50％～80％的条件下臭氧的灭菌效果最理想，因为病毒、细菌在高湿条件下细胞壁较疏松，易被臭氧穿透杀灭；在相对湿度低于 30％时效果较差。一般使用中，特别是在无菌室使用时应注意这一点。高湿度对减少果蔬的质量损失也是有利的。

（3）控制臭氧浓度。掌握好时间和浓度是充分发挥空气型臭氧发生器使用效果的关键。例如，用于一般的除味、除臭、吸臭、氧化空气以及保健时，浓度一般不要超过 98 $\mu g/m^3$；如果用于室内灭菌消毒，则浓度一般控制在 0.196～1.96 mg/m^3；如果用于食品保鲜或物体表面的消毒，则需要浓度为 1.96～9.8 mg/m^3。这些浓度是指整个空间的散播浓度，而不是局部浓度。

注意：臭氧发生器的工作时数与效果是成正比的，特别是臭氧在高温环境下短期内就进入衰减期，必须要边发生、边应用，使臭氧供应不间断才能达到完美效果。短期的臭氧供应即使浓度高，也会收效不佳。

臭氧的灭菌效果比一般的紫外线消毒效果要强。有研究表明，臭氧可在 55 min 内杀死 99％以上的繁殖体，并可以除臭。许多室内空气净化器就是以臭氧氧化空气中的有机物来净化空气的。但是由于臭氧的强氧化性，其浓度过高时会危害人体健康，引起上呼吸道的炎症病变，削弱上呼吸道的抵抗力。因此，长时间接触臭氧还易继发上呼吸道感染。当臭氧浓度达到 3.92 mg/m^3 时，短时间接触即可出现呼吸道刺激症状并导致咳嗽、头疼，严重的会导致人体皮肤癌变和肺气肿。

我国《室内空气中臭氧卫生标准》（GB/T 18202—2000）规定，室内臭氧浓度限值为 0.1 mg/m^3（1 h 平均最高容许浓度）。

6.3.2 紫外线杀菌技术

紫外线杀菌是指波长在 240～280 nm 范围内的紫外线破坏细菌病毒中的 DNA（脱氧核糖核酸）或 RNA（核糖核酸）的分子结构，导致生长性细胞死亡和（或）再生性细胞死亡，以达到杀菌消毒目的的一种技术。在波长为 253.7 nm 时，紫外线的杀菌作用最强。一般日光穿透大气层后到达地面的紫外线的波长为 287～390 nm，偏离紫外线的最佳杀菌波长范围（250～280 nm）。大气臭氧层的吸收作用使日光光谱中波长低于 290 nm 的紫外线迅速减少，因此日光的杀菌能力逊于专用的紫外线灯。

紫外线杀菌作用较强，但对物体的穿透能力很弱。它适用于手术室、烧伤病房、传染病房和无菌间的空间消毒及不耐热物品和台面表面消毒。

紫外线消毒房间一般时长在 30 分钟至 1 小时内为佳。在使用过程中，应保持紫外线灯表面的清洁，使用紫外线灯时，房间内不能有人。用紫外线灯消毒室内空气时，房间内应保持清洁干燥，减少尘埃和水雾。用紫外线消毒物品表面时，应使物品表面受到紫外线的直接照射，且应达到足够的照射剂量，不得使紫外线光源照射到人，以免引起损伤。不管是细菌还是病毒，只要接受足够剂量紫外线的照射，都能被杀灭。

用紫外线进行空气消毒和紫外线用于水消毒一样有很久的历史。空气消毒的原理和水消毒一样。通常，紫外线灯可安装在空气管道里，位于盘管的前端，或装在固定于墙壁的架子上。当空气经过时，空气中的微生物就被杀死而变得无害。表面消毒的原理也是这样。在食品和饮料生产中,传送带上的产品就是由表面消毒设备进行消毒的。

为了降低杀菌剂的费用以及化学处理对健康的危害,冷却塔系统也可以采用紫外线灭菌。紫外线系统一般安装在冷却塔的水循环系统中以起到杀菌的作用。如果和过滤器一并使用,紫外线可以有效控制微生物在冷却塔中的生长。虽然冷却塔中仍然需要保留一定浓度的杀菌剂,但应用紫外线可以大大降低其使用量。

6.3.3　电离辐射灭菌技术

电离辐射灭菌是指利用丙种(γ)射线或高能量电子束(阴极射线)进行灭菌的方法。该方法是一种适用于忌热物品的常温灭菌方法,又称为"冷灭菌"。其具有不使物品升温、穿透力强、操作简便、成本低的特点,常用于一次性医疗塑料物品、精密器械、生物制品、药品、食品的灭菌。

早在1956—1985年,美国科学家就用电子加速器进行实验证明了电子辐射能实现外科缝线灭菌,为医疗用品的辐射灭菌提供了应用实例。目前不少发达国家和发展中国家,对大量的一次性使用的医用敷料制品采用辐射灭菌。

电离辐射灭菌的直接作用是电离辐射射线的能量引起分子的电离或激发,直接破坏微生物的核酸、蛋白质、酶等有生命功能的物质;间接作用是射线作用使水分子电离产生自由基,自由基再作用于核酸、蛋白质、酶等。

电离辐射灭菌主要优点如下:①灭菌彻底,无污染与残毒;②可在常温下进行灭菌,特别适用于处理热敏材料制成的医疗产品;③产品可在包装后灭菌。若包装材料耐辐射、不透菌,灭菌后的医疗用品可保存25年;④可连续不间断作业,节约能源。

6.4　小结

本章介绍了常见的民用建筑室内空气净化技术,这些技术可以归结为三大类,即悬浮颗粒物净化技术、气态污染物净化技术、微生物污染物净化技术。悬浮颗粒物净化技术主要包括机械除尘空气净化、静电除尘空气净化和负离子空气净化等;气态污染物净化技术主要包括吸附净化、吸收净化、光催化净化、等离子体净化和植物净化等;微生物污染物净化技术主要包括臭氧净化、紫外线杀菌、电离辐射杀菌等。

参考文献

[1] 陈乾,钟小普,毛旭敏,等.空气净化技术现状及发展趋势[J].制冷与空调,2020,20(02):1-9.

[2] 张乐.室内空气净化技术综述[J].广东化工,2020,47(03):161-166.

[3] 张寅平,赵彬,成通宝,等.空调系统生物污染防治方法概述[J].暖通空调,2003(03):183-188.

[4] 徐玉党.室内污染控制与洁净技术[M].重庆:重庆大学出版社,2006.

7

空气能量回收原理与技术

无论在公共建筑中还是在住宅建筑中，新风能耗都占了空调通风系统能耗较大的比例[1]。充分利用排风中含有的热量（冬季）或冷量（夏季）对新风进行热湿辅助处理是提高建筑能效的一个重要措施。本章主要介绍排风热回收原理及其技术与装置。

7.1 排风热回收概述

新风能耗在空调通风系统能耗中占了较大的比例。公共建筑新风能耗可占到空调系统总能耗的30%。为保证室内空气品质，不能以削减新风量来节省能量，而且可能需要增加新风量的供应。建筑中有新风进入，必有等量的室内空气排出。这些排风相对于新风来说，含有热量（冬季）或冷量（夏季）。在许多建筑中，排风是有组织的，不是无组织地从门窗等缝隙排出。这样，就可以从排风中回收热量或冷量，以减少新风的能耗。排风热回收装置利用空气 – 空气热交换器来回收排风中的冷（热）能，对新风进行预处理[2]。

图7-1是典型的带排风热回收装置的空调系统结构框图。从空调房间出来的空气一部分经过热回收装置与新风进行换热，从而对新风进行预处理，换热后的排风以废气的形式排出，经过预处理的新风与回风混合后再被处理到送风状态后送入室内。多数时候，仅仅靠回收的能量还不足以将新风处理至送风状态点，这时需要对这一部分空气进行再处理。如果室内外温差较小，就没有必要使用排风热回收装置。可在新风的入口处设置一个旁通管道，在过渡季节时充分利用室外新风的冷能。

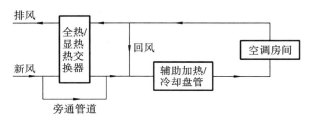

图7-1　带排风热回收装置的空调系统结构框图

7.2 全热回收与显热回收

能回收显热和潜热（总焓）的新风系统称为全热回收新风系统，而仅回收显热的新风系统称为热回收新风系统。显热是指空气本身的热含量，可以用温度传感器进行测量计算。潜热是将水蒸发成水蒸气所需的能量，可以通过湿球温度计测量计算。全热回收和显热回收都可以回收热能，但显热回收不具有改变新风含湿量的能力。

全热回收一般是通过特制的纸介质来对室外和室内空气的显热和潜热实现能量回收的[3]。显热回收的介质通常是铝箔，只对室外和室内空气的显热完成能量回收。显热回收又分为静态回收、动态回收，静态回收是通过板式回收器实现的，动态回收是通过通道轮回收方式实现的。全热回收与显热回收对比见表7-1。

表7-1　全热回收与显热回收对比

分类	全热回收	显热回收
介质	纸（如牛皮纸等）	铝箔
交换能量范围	温度、湿度	温度

续表

分类	全热回收	显热回收
系统使用寿命	较短	较长
系统运行费用	较高	较低
设备尺寸	较大	较小
维护	定期更换交换器	不需要更换

　　排风热回收装置利用空气－空气热交换器来回收排风中的冷能或者热能，对新风进行预处理。根据回收热量的形式，热回收主要可分为显热回收和全热回收。常见的热回收设备有转轮式换热器、板翅式换热器、热管式热交换器、中间冷媒式热回收装置以及热泵式热回收装置等。其中转轮式换热器、板翅式换热器和热泵式热回收装置既可传递显热，又可传递全热，热管式热交换器和中间冷媒式热回收装置只能传递显热。

7.3　转轮式换热器

　　转轮式换热器由轮芯、密封条、壳体、传动装置、箱体等组成。转轮的中央设有隔板，用以分开新风和排风，转轮由电动机通过链条或皮带驱动。室内排出的空气通过转轮芯体的上半侧排至室外，室外新风通过转轮芯体的下半侧送至室内，新风与排风反向逆流[4]。电动机通过链条或皮带带动转轮缓慢转动，空气以低速通过蓄热体，靠新风和排风的温差和水蒸气分压差进行热交换或湿热交换。其优点是热回收效率高，可达 70% ～ 80%。转轮式换热器原理如图 7-2 所示，实物如图 7-3 所示。

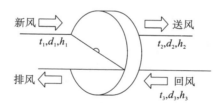

新风　t_1, d_1, h_1　送风　t_2, d_2, h_2

排风　回风　t_3, d_3, h_3

图 7-2　转轮式换热器原理

图 7-3　转轮式换热器实物图

转轮式换热器回收的显热交换效率、湿交换效率和全热交换效率的计算方法分别为：

$$\eta_t = \frac{t_2 - t_1}{t_3 - t_1} \qquad (7-1)$$

$$\eta_d = \frac{d_2 - d_1}{d_3 - d_1} \qquad (7-2)$$

$$\eta_h = \frac{h_2 - h_1}{h_3 - h_1} \qquad (7-3)$$

式中：t_1, d_1, h_1——室外新风温度、含湿量、焓值；

$\quad\quad t_2, d_2, h_2$——室内送风温度、含湿量、焓值；

$\quad\quad t_3, d_3, h_3$——室内回风温度、含湿量、焓值。

转轮式换热器的管理、维护简单，在多数情况下不失为一种较理想的除湿设备。然而，转轮式换热器是两种介质交替转换，不能完全避免交叉污染，故流过的气体必须是无害物质，同时体积较大，占用了较多的建筑空间，使用期间应考虑出现冷凝水、结冰带来的不良后果，以及集中的新风与排风要求给系统布置造成的不便。转轮式（回转式）换热器的主要优点是阻力较小、热交换效率较高、具有自净作用、不易堵塞；主要缺点是体积大、需要驱动装置、新风可能被污染、系统布置困难等。

如果转轮用吸湿材料制作，在回收显热的同时还可以回收潜热，这种转轮式换热器称为转轮式全热换热器。

7.4　板翅式换热器

板翅式换热器结构如图7-4所示，它由单体另加外壳体组成。一般外壳体用薄钢板制作，其上有四个风管接口。为便于单体的定位、安装、维护（为了清洁和更换），外壳体的内侧壁上设有定位导轨，并衬有密封填料，以防两股短路混合造成交叉污染。单体由若干个波纹板交叉叠置而成，波纹板的波峰与隔板连接在一起。波纹板是用经过特殊处理的多孔纤维性材料制作而成的。多孔纤维性材料具有一定的传热性能和透湿性能，当新风、排风之间存在温差和水蒸气分压力差时，则在新风、排风之间进行热湿交换，从而达到传热传质的作用。其热回收效率计算方法同转轮式换热器。

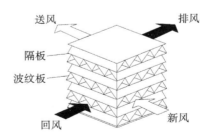

图7-4　板翅式换热器构造原理图

板翅式显热换热器的换热效率与迎面风速，新、排风量比等因素有关。如果换热元件采用特殊加工的纸（如浸溴化锂的石棉纸等），既能传热又能传湿，但不透气。这类用特殊加工的纸做成的板翅式换热器是板翅式全热换热器。如果材料采用的是铝板或钢板，用焊接将波纹板与隔板连接在一起，而无湿交换，则为板翅式显热换热器。

板翅式换热器的主要优点有：①结构简单，新、排风无交叉污染；②可通过改变风量来调节热回收效率；③无驱动装置，运行可靠，使用寿命长。其缺点是气流受到露点温度的限制，有结露、结霜、堵塞风管的可能。

7.5　热管式热交换器

热管式热交换器由若干根热管组成，如图7-5、图7-6所示。热交换器分为两部分，分别通过冷、热两股气流。热管是由两头密闭的金属管，内套纤维状材料的输液芯组成的，抽真空后，充相变工质（如氨、甲醇等）。当热管的一端（冷凝端）受热后，管中的液体吸收外界热量迅速汽化，在微小压差下流向热管的另一端，向外界放出热量后冷凝成为液体，液体借助于贴壁金属网的毛细抽吸力返回加热段，并再次受热汽化。如此不断循环，热量就从管的一端传向另一端[5]。由于是相变传热，且热管内部热阻很小，因此在较小的温差下也能获得较大的传热量。热管式热交换器的优点是：①新、排风无交叉污染；②占地小，无转动部件，运行安全可靠；③可以在低温差下传递热量，换热效率高，工作范围宽，为工程选用创造了便利条件。其缺点是只能进行显热回收。

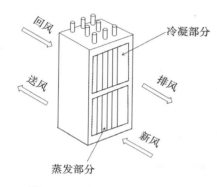

图7-5　热管式热交换器工作原理图

图7-6　热管式热交换器装置图

7.6　中间冷媒式热回收装置

中间冷媒式热回收装置又被称为盘管环路式热回收装置，这是一种用几种常规装置组成的热回收装置。图7-7所示为其最简单情况下的工作原理图。在新风侧和排风侧，分别使用一个换热盘管，排风侧的空气流过时，对系统中的冷媒进行加热（或冷却）。而在新风侧，被加热（或冷却）的冷媒再将热量（或冷量）转移到进入的新风上，冷媒在泵的作用下不断循环。

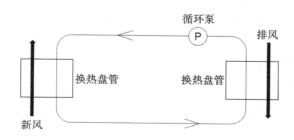

图7-7　中间冷媒式热回收装置工作原理图

中间冷媒式热回收装置有间接式和接触式两类，它们的使用取决于排风的特性及使用的场所。间接式热回收装置只能回收显热，但是避免了新风和排风的交叉污染；接触式热回收装置可以回收全热，但是在冬季使用时要注意由结晶导致的堵塞问题及对金属表面的腐蚀问题。中间冷媒式热回收装置的优点是：①运行稳定可靠，使用寿命长；②设备费用低；③维修简便，安装方便、灵活，占地面积和空间小；④新风与排风不会产生交叉污染。

其缺点是要配备循环泵，存在动力消耗，系统较为复杂，通过中间液体输送，温差损失大，换热效率较低。

7.7 热泵式热回收装置

热泵式热回收装置的工作原理是将空调排风冷（热）量作为低温冷（热）源，利用热泵来获取高品位热能。如图 7-8 所示，夏季工况下，排风通过热泵冷凝器排到室外并带走冷凝器排热，蒸发器对新风进行降温和除湿。热泵式热回收装置可通过降低热泵冷凝器外界温度的方式提高热泵效率。

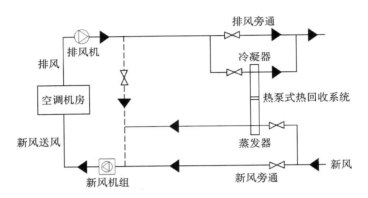

图 7-8　热泵式热回收装置夏季工况原理图

热泵式热回收装置的主要优点是节能效率高，不需要提供集中冷热源，减少了空调水管路系统，有助于热泵系统的安全运行和延长运行寿命。热泵式热回收装置的缺点也较为明显，机组需配压缩机、冷凝器、蒸发器等一系列部件，结构较为复杂，噪声与振动问题比较突出，设备投资及维修管理工作量均大于其他类型。另外，热泵的能效比和制冷（热）量受室外环境影响较大。

表 7-2 是各种排风热回收装置的性能比较。对于住宅新风系统而言，板翅式换热器用得较为广泛。

表 7-2　排风热回收装置性能比较

回收方式	回收效率	设备费用	维修保养难度	辅助设备	占用空间	交叉污染	自身耗能	接管灵活性	抗冻能力	使用寿命
转轮式换热器（全热）	高	高	中	无	大	有	有	差	差	中
热管式热交换器（显热）	较高	中	易	无	中	无	无	中	好	优
板式热回收器（显热）	低	低	中	无	大	有	无	差	中	良
板翅式换热器（全热）	较高	中	中	无	大	有	无	差	中	中
中间冷媒式热回收装置（显热）	低	低	中	有	中	无	多	好	中	良
热泵式热回收装置（全热）	中	高	高	有	大	无	多	好	差	低

7.8　小结

根据回收热量的形式，排风热回收主要可分为显热回收和全热回收。能回收显热和潜热（总焓）的新风系统称为全热回收新风系统，而仅回收显热的新风系统称为热回收新风系统，但全热回收设备一般使用寿命较短、运行费用较高。本章主要介绍了空调通风系统中几种排风热回收装置的工作原理以及优缺点。常见的热回收装置有转轮式换热器、板翅式换热器、热管式热交换器、中间冷媒式热回收装置以及热泵式热回收装置等。其中转轮式换热器、板翅式换热器和热泵式热回收装置既可传递显热，又可传递全热，热管式热交换器和中间冷媒式热回收装置只能传递显热。

参考文献

[1] 刘纯青，徐玉党.夏热冬冷地区新风能耗分析[J].制冷与空调，2005，5(05):54-57.

[2] 刘宇宁，李永振.不同地区采用排风热回收装置的节能效果和经济性探讨[J].暖通空调，2008,38(09):15-19.

[3] 张荣荣，周亚素.空调系统中含热回收设备的节能分析[J].建筑热能通风空调，2000(04):22-24.

[4] 冯劲梅，朱向平，曾嘉明，等.转轮热回收计算方法及节能分析[J].上海应用技术学院学报(自然科学版)，2014，14(03):249-252.

[5] 李国庆，徐海卿，涂淑平.热管换热器在空调热回收中的应用[J].科技资讯，2007(10):23.

8

新风系统设计

由于人们对住宅室内环境舒适度与健康性的要求越来越高，室内不仅需要适宜的温度和湿度，还必须有新鲜的空气[1]，因此，新风系统也越来越受到人们的关注。本章将从新风系统概念、分类、设计流程、热湿处理过程、气流组织设计原则、系统管道形式、新风口的设置原则、新风系统阻力计算、选型以及当前先进的设计方法（BIM、CFD）等方面进行介绍。

8.1 概述

新风系统是在相对密闭的室内一侧用专用设备向室内送新风，再从另一侧由专用设备向室外排风，在室内形成"新风流动场"，从而满足室内新风换气的需要。新风系统在送风的同时对进入室内的空气进行过滤、消毒、杀菌、增氧、热湿处理等。

新风系统除了具备满足室内卫生要求、弥补排风、维持房间正压三个基本功能外，还可以增加体内散热及防止由皮肤潮湿引起的不舒适（此类通风可称为热舒适通风）。当室内气温高于室外气温时，新风系统可以使建筑构件降温，此类通风名为建筑的降温通风。

8.2 新风系统类型

新风系统类型多样，一般可以按照送风方式、安装方式等进行划分。

8.2.1 按送风方式分类

1. 单向流新风系统

单向流新风系统是基于机械通风系统三大原则的中央机械式排风与自然进风结合而形成的新风系统，由风机、进风口、排风口及各种管道和接头组成。安装在吊顶内的风机通过管道与一系列的排风口相连，风机启动，室内混浊的空气经安装在室内的排风口通过风机排出室外，在室内形成几个有效的负压区，室内空气持续不断地向负压区流动并排出室外，室外新鲜空气由安装在墙体上或窗框上方（一般为窗框与墙体之间）的进风口不断地向室内补充，从而使人们能一直呼吸到室外新鲜空气。该新风系统的送风系统无须送风管道的连接，并且排风管道一般安装于过道、卫生间等通常有吊顶的地方，基本上不额外占用空间。

2. 双向流新风系统

双向流新风系统是基于机械通风系统三大原则的中央机械式送、排风系统，是对单向流新风系统的有效补充。在双向流新风系统的设计中，排风主机与室内排风口的位置与单向流新风系统基本一致，不同的是双向流新风系统中的新风是由新风主机送入的。新风主机通过管道与室内的空气分布器相连接，新风主机不断地把室外新风通过管道送入室内，以满足人们日常生活所需。排风口与新风口都带有风量调节阀，通过主机的动力排风与送风来实现室内通风换气。

8.2.2 按安装方式分类

1. 中央管道新风系统

中央管道新风系统通过管道与新风主机连接，其工作原理为：在厨房、卫生间装设排风机及排风管道等配套设施,在卧室、客厅装设进风口。排风机运转时,排出室内原有空气,使室内空气产生负压,室外新鲜空气在室内、外空气压差的作用下,通过进风口进入室内,以此达到室内通风换气的目的。

2. 单体新风系统

单体新风系统主要包括壁挂式新风系统、落地式新风系统。其主体结构与中央管道新风系统并无太大的区别,不同点在于单体新风系统不需要复杂管道,安装十分简单,无论装修前后都可以安装,后期的维护成本也十分低廉。

8.2.3　其他分类方式

按通风动力分类:自然通风新风系统、机械通风新风系统。

按照通风服务范围分类:全面通风新风系统、局部通风新风系统。

按气流方向分类:送(进)风新风系统、排风(烟)新风系统。

按通风目的分类:一般换气通风新风系统、热风供暖新风系统、排毒与除尘新风系统、事故通风新风系统、防护式通风新风系统、建筑防排烟新风系统等。

按动力所处的位置分类:动力集中式新风系统和动力分布式新风系统。

按样式分类:落地式新风系统、柜式新风系统、壁挂式新风系统、吊顶式新风系统。

8.3　住宅新风系统设计流程

新风系统的设计最主要是满足人员的卫生健康要求和舒适性要求。新风系统设计的基本流程包括如下几个方面:

(1)房间功能确定和基本几何参数校核;

(2)根据第 4 章介绍的方法计算新风量;

(3)根据各个房间新风量,确定新风系统总的新风量;

(4)根据建筑及房间布局,确定新风系统的管道及气流组织形式,选择新风口、排风口的类型;

(5)校核室内气流组织;

(6)开展新风系统管道阻力计算;

(7)进行新风系统设备选型。

8.4　新风热湿处理计算

8.4.1　概述

住宅建筑新风系统通过新风机将新风送入室内。新风机包括:① 无热湿处理能力的普通新风机,通常由过滤器、风机等组成;② 有热湿处理能力的新风机,与集中空调中所用的新风机一致。

对于室内温湿度要求较高的住宅建筑，为避免室外新风对室内温度、湿度状态的干扰，室外新风需经有热湿处理能力的新风机处理后才能送入室内。该处理过程基本与集中式中央空调中新风系统的新风处理方式一致。根据对新风的处理方式，新风处理方案可分为三种：

（1）将新风处理到室内空气的焓值，不承担室内负荷（新风不送入盘管处理）；

（2）将新风处理到室内空气的焓值，不承担室内负荷（新风送入盘管处理）；

（3）将新风处理到低于室内空气的焓值，并低于室内空气的含湿量，承担部分室内负荷。

上述处理新风的三种方案，风机盘管风量、风机盘管冷负荷和新风冷负荷的计算方法各不相同。

8.4.2 新风处理到室内焓值（不进入风机盘管）

将新风处理到室内焓值，不进入风机盘管而直接送进室内，这种方案有以下四个特点：

①风机盘管承担全部室内负荷；

②新风不进入风机盘管，噪声和风机盘管风量均小；

③风机盘管在湿工况下运行，卫生条件差；

④新风与风机盘管送风混合后送入房间，当风机盘管停止运行时，送入室内的新风量将大于设计值。

图 8-1 展示了该方案处理新风的过程，具体步骤如下：

①将新风处理到室内等焓线与 $\varphi = 90\%$ 的交点 L，考虑风机温升于 K 点；

②过室内状态点作 ε 线与 $\varphi = 90\%$ 交于 O 点，O 点为送风状态点；

③连接 K、O 点并延长至 M，使 $\dfrac{\overline{OM}}{\overline{KO}} = \dfrac{G_W}{G_F}$；

④连接 N、M 点。

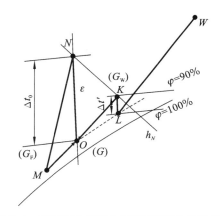

图 8-1 新风不承担室内负荷且不进入风机盘管

风机盘管风量 G_F 可按式（8-1）计算：

$$G_F = G - G_W = \frac{\sum Q}{h_N - h_O} - G_W \tag{8-1}$$

风机盘管承担冷量 Q_F 可按式（8-2）计算：

$$Q_F = G_F(h_N - h_M)$$

(8-2)

新风冷负荷 Q_W 可按式（8-3）计算：

$$Q_W = G_W(h_W - h_L)$$

(8-3)

式中：G_F——风机盘管风量，kg/s；

G_W——新风量，kg/s；

h——各状态点焓值，kJ/kg 干空气。

8.4.3　新风处理到室内焓值（进入风机盘管）

将新风处理到室内焓值，进入风机盘管混合后再送进室内，这种方案有以下四个特点：

①新风处理到室内焓值不承担室内负荷；

②新风进入风机盘管，噪声和风机盘管风量均大；

③风机盘管在湿工况下运行，卫生条件差；

④新风与风机盘管回风混合后送入房间，当风机盘管停止运行时，新风量有所减少。

图 8-2 展示了该方案处理新风的过程，具体步骤如下：

①将新风处理到室内等焓线与 $\varphi = 90\%$ 的交点 L；

②连接 L、N 点，使 C 点满足关系式 $\dfrac{\overline{NC}}{\overline{CL}} = \dfrac{G_W}{G_h}$；

③过室内状态点作 ε 线与 $\varphi = 90\%$ 交于 O 点；

④连接 C、O 点。

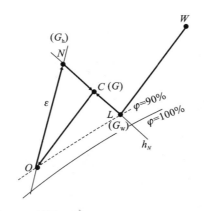

图 8-2　新风不承担室内负荷且进入风机盘管

风机盘管风量 G_F 可按下式计算：

$$G_{\mathrm{F}} = G = \frac{\sum Q}{h_N - h_O} \tag{8-4}$$

风机盘管承担冷量 Q_{F} 可按下式计算：

$$Q_{\mathrm{F}} = G_{\mathrm{F}}(h_C - h_O) \tag{8-5}$$

新风冷负荷 Q_{W} 可按下式计算：

$$Q_{\mathrm{W}} = G_{\mathrm{W}}(h_W - h_L) \tag{8-6}$$

8.4.4 新风处理后的焓值低于室内焓值（不进入风机盘管）

将新风处理到低于室内焓值，不进入风机盘管而直接送进室内，这种方案有以下三个特点：

①新风处理到低于室内焓值，承担部分室内显冷负荷和全部湿负荷；

②风机盘管在干工况下运行，承担部分室内显冷负荷，卫生条件较好；

③新风不与风机盘管送风混合，当风机盘管停止运行时，送入室内的新风量不变。

图 8-3 展示了该方案处理新风的过程，具体步骤如下：

①确定室、内外状态点 N、W，过 N 点作 ε 线，根据送风温差确定送风状态点 O；

②作 NO 的延长线至 P 点，满足 $\dfrac{\overline{NO}}{\overline{OP}} = \dfrac{G_{\mathrm{W}}}{G_{\mathrm{F}}}$；

③由 d_p 线与机器露点相交于 L 点；

④连接 LO 并延长，与 d_N 交至 M 点；

⑤连接 W、L 点。

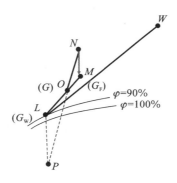

图 8-3 新风承担室内负荷

房间总风量 G 可按下式计算：

$$G = \frac{\sum Q}{h_N - h_O} \tag{8-7}$$

风机盘管风量 G_F 可按下式计算：

$$G_F = G - G_W \qquad\qquad (8-8)$$

风机盘管承担冷量 Q_F 可按下式计算：

$$Q_F = G_F(h_N - h_M) \qquad\qquad (8-9)$$

新风冷负荷 Q_W 可按下式计算：

$$Q_W = G_W(h_W - h_L) \qquad\qquad (8-10)$$

8.5　气流组织介绍及设计

8.5.1　气流组织的基本介绍

气流组织（又称为空气分布）是指合理地布置送风口和回、排风口，使得经过净化、热湿处理的空气，由送风口送入室内后，再与室内空气混合、置换并进行热湿交换，均匀地消除空调区内的余热和余湿，从而使室内形成比较均匀而稳定的温湿度、气流速度和洁净度，以满足人体舒适的要求。同时，还要由回、排风口抽走室内空气，将回风返回风盘，将排风直接排出室外。

影响室内空气分布的因素有送风口的形式和位置、送风射流的参数（如送风量、出口风速、送风温度等）、回风口的位置、房间的几何形状以及热源在室内的位置等。其中送风口的形式和位置、送风射流的参数是主要影响因素。

常见的气流组织形式有以下几种。

（1）上送侧回（图 8-4）：空气由空间上部送入、由下部侧边排出的上送侧回送风形式是常规的气流组织方式，送风气流不直接进入工作区，有较长的与室内空气混掺的距离，能够形成比较均匀的温度场和速度场。常见的有散流器送风、孔板送风等。

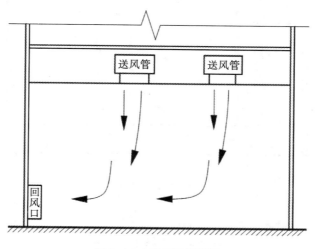

图 8-4　上送侧回示意图

（2）上送上回（图8-5）：上送上回方式包括散流器上送上回等，其特点是可将送（回）风管道集中于空间上部，可设置吊顶，使管道成为暗装。

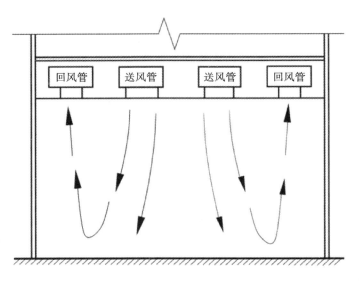

图8-5　上送上回示意图

（3）下送上回（图8-6）：下送上回方式要求降低送风温差，控制室内工作区内的风速，但其排风温度高于工作区温度，故具有一定的节能效果，同时有利于改善工作区的空气质量。常见的下送风方式有地板下送和置换式下送等，用于层高较低或净空较小建筑的一般空调。当单位面积送风量大，工作区内要求风速较小，或区域温差要求严格时，可采用孔板下送风。

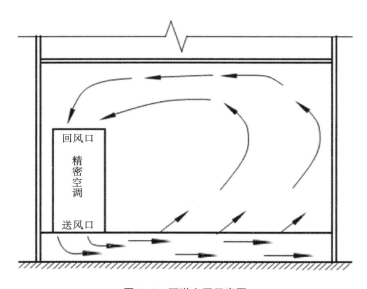

图8-6　下送上回示意图

（4）侧送侧回（图8-7）：侧送侧回方式是指侧面送风和侧面回风，比如从房间的侧墙送风，又从侧墙回风。这种方式必须保证风口间距，送、回风口间的距离需保持在1 m以上，并且调整好横竖百叶的方向，避免气流短路。

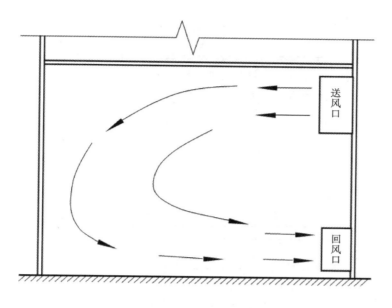

图 8-7 侧送侧回示意图

（5）侧送上回（图 8-8）：侧送上回方式是指从侧面送风并从上方回风，多用于进深较大、层高较低的房间，如客房等。

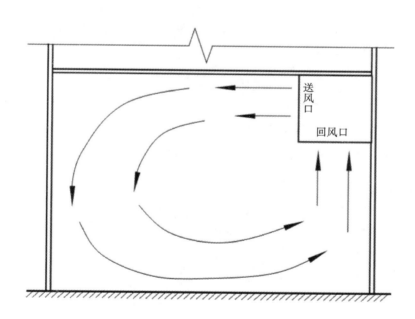

图 8-8 侧送上回示意图

（6）上送下回（图 8-9）：气流在由上向下的流动过程中，不断地将室内空气混入，并进行热湿交换。不论是采用散流器下送风还是采用孔板下送风，只要风口的扩散性能好，送入的气流都能与室内空气充分进行混合，能较好地保证工作区的恒温精度和工作区的气流速度的要求，因此，对于温湿度控制精度要求较高的房间，上送下回是一种常用的送风方式。

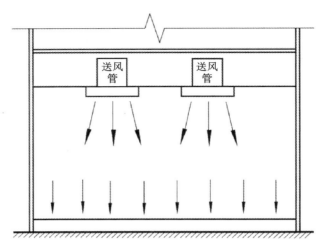

图 8-9 上送下回示意图

住宅新风系统的气流组织形式与传统空调的气流组织形式类似。目前在住宅建筑中，常用的新风系统形式主要包括顶送风＋顶排风及地送风＋顶排风两种形式，分别对应前文所述的上送上回和下送上回。

8.5.2 气流组织设计基本原则

住宅建筑室内的气流组织，应根据建筑物的用途对室内温湿度参数、允许风速、噪声标准、空气质量、室内温度梯度及空气分布特性指标（ADPI）的要求，结合建筑物特点、内部装修或家具布置等进行设计和计算。一般空调房间室内气流组织的基本要求见表 8-1。

表 8-1 一般空调房间室内气流组织的基本要求

室内温湿度参数	送风温差	每小时换气次数	风速		可采取的送风方式
			送风出口	工作区	
冬季 18 ～ 24 ℃，φ=30% ～ 60%；夏季 22 ～ 28 ℃，φ =40% ～ 65%	送风口高度 $h \leq 5$ m 时，不宜大于 10 ℃；送风口高度 $h >$ 5 m 时，不宜大于 15℃	不宜少于 5 次，但对于高大空调，应按其冷负荷通过计算确定	应根据送风方式、送风口类型、安装高度、室内允许风速、噪声标准等因素确定。消声要求较高时，采用 2 ～ 5 m/s	冬季，$\leq$ 0.2 m/s；夏季，$\leq$ 0.3 m/s	侧向送风；散流器平送或向下送；孔板上送；条缝口上送；喷口或旋流风口送风；置换通风；地板送风

住宅新风系统的气流组织应参考上述一般空调房间室内气流组织。除此之外，住宅建筑新风系统的送、回／排风口应与空调室内机或风机盘管的送、回风口进行配合，具体包括：

（1）空调室内机为风管式室内机时，新风系统送风口尽量靠近空调送风口，使得两种不同温度的气流相混合，尽量提升室内的舒适度；

（2）空调室内机为天花板嵌入式室内机时，新风系统送风口距空调送风口至少 1 m 以上，以免导致空调室内机回风温度探头误操作；

（3）新风系统的送、回风口的布置有两种方式——对角线分布和直线分布；

（4）部分连通空间，送风口和回/排风口可视实际情况进行布置，如布置空间不足，相邻的功能区域可以共用。

住宅新风系统的送风口设计还应注意如下两个方面。

（1）按需分配：把新鲜的空气送到人体最需要的位置，譬如床头、客厅沙发附近、餐厅、书桌上方等，这些区域是房间主人经常活动的地方，也是最需要新鲜空气的地方，进风口应该尽可能安排在这些区域。同时，排风口应尽量安排在污浊空气聚积和难以排除的房间死角，以利于彻底消除危害。

（2）换风顺畅：进入房间的新风应该有一个合理（人体最需要）的、顺畅（无阻滞或少阻滞）的、明确而有秩序的流动方向。这样一方面有利于彻底通风，另一方面减轻了新风主机的工作负荷，节能减排。

8.5.3　送风口形式

1. 空调系统中典型的送风口形式

送风口形式有多种，不同送风口适用的场合不同，常见的送风口形式有以下几种。

（1）喷口（图8-10）：喷口送风速度高、射程长，工作区新鲜空气、速度和温度分布均匀，适用于空间较大的公共建筑及高大厂房的集中送风。

图8-10　喷口示意图

（2）百叶（条缝形）风口（图8-11）：一般用于侧送风，工作区温度、速度分布均匀，适用于民用建筑和工业厂房的一般空调。

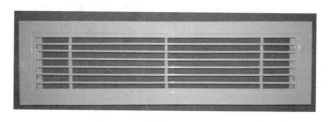

图8-11　百叶风口示意图

（3）旋流风口（图 8-12）：送风速度、温度衰减快，工作区温度、速度分布均匀，可用大风口大量送风，也可用大温差送风，适用于空间较大的公共建筑或工业厂房。

图 8-12　旋流风口示意图

（4）散流器（图 8-13）：使用散流器送风时，温度、速度分布均匀，需设置吊顶或技术夹层，适用于顶棚下送风，具有一定的扩散功能。

图 8-13　散流器示意图

（5）孔板送风口（图 8-14）：通常利用吊顶上面的空间形成稳压层，空气在静压作用下，通过在吊顶上开设的具有大量小孔的多孔板，均匀地进入空调区，回风口则均匀地布置在房间的下部。当空调房间的层高较低（例如 3～5 m），且有吊顶平层可供利用，单位面积送风量很大，而空调区又要保持较低的风速，或对区域温差有较高的要求时，应采用孔板送风口。

图 8-14　孔板送风口示意图

（6）空调送风口选取原则。

空调送风口的选择应符合下列要求：

①宜采用百叶风口等侧送，侧送气流宜贴附；当空调房间内有工艺设备对侧送气流存在阻碍或单位面积送风量较大，人员活动区的风速有要求时，不应采用侧送。

②当有吊顶可利用时，应根据空气调节区高度与使用场所对气流的要求，分别采用圆形、方形、条缝形散流器或孔板送风口。当单位面积送风量较大，且人员活动区内要求风速较小或区域温差要求严格时，应采用孔板送风口。

2. 住宅新风系统中典型的送风形式

住宅新风系统的送风形式一般包括顶送风和地送风两类。

顶送风出风口与新风系统风管多安装在吊顶内，可按照前述的气流组织设计原则布置风口，因风量相对较小，可选用小阻力 ABS 阻燃风口等典型的送风口，如图 8-15 所示。其安装示意图如图 8-16、图 8-17 所示。

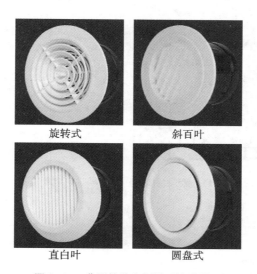

旋转式　　　　　斜百叶

直白叶　　　　　圆盘式

图 8-15　典型的住宅新风系统送风口

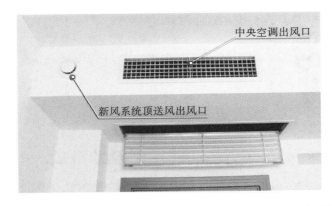

图 8-16　新风系统顶送风出风口及其与室内空调出风口相对位置

图 8-17　新风系统顶送风出风口安装示意图

　　地送风的风道需预埋在地面。相比于顶送风出风口，地送风出风口安装在地面上，有一定的强度要求，可采用不锈钢或铝合金制成多孔板送风出风口，亦可定制一些装饰件。图 8-18 展示了一些典型的地送风出风口，图 8-19 所示为一个典型的新风系统地送风出风口与风管连接安装示意图。

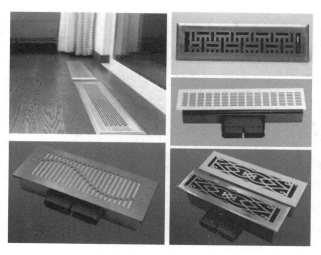

图 8-18　新风系统地送风出风口

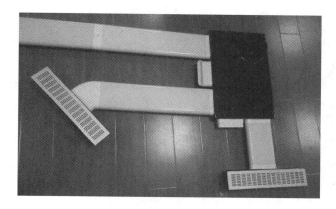

图 8-19　新风系统地送风出风口与风管连接安装示意图

8.6　新风系统管道形式

目前常见的新风系统管道形式主要有单管并联式、章鱼式。

8.6.1　单管并联式系统

单管并联式系统又称树枝式系统。树枝式安装是市场上最为常见的新风系统安装方式之一，一般使用的是 PVC 材质的新风管，通过一根主管将支管分配到每一个房间。在树枝式系统设计中，需要考虑主管直径、支管直径、变径、弯头数量、管路风阻变化等，要计算出各个风口的风量，需要丰富的施工和设计经验。PVC 管价格低廉，在造价上相对便宜；PVC 管安装方便且结实耐用；安装结束后管道布置横平竖直，安装效果比较美观；使用新风系统时，由于 PVC 管内壁光滑，风阻小，风量大。但是使用树枝式安装也会带来一些问题。由于使用一根主管，主管经过的梁都需要打一个与主管一样粗细的大洞，对房屋结构可能会有影响；同时 PVC 管转弯处需要用胶水连接弯头，内部有凹凸，会留有卫生死角，造成二次污染，即使对新风管道进行清洗也难以清理干净，而且胶水挥发物在短时间内难以去除。如果设计安装不专业，将无法控制风噪和保证风量相对平衡。图 8-20 为单管并联式新风系统。

123

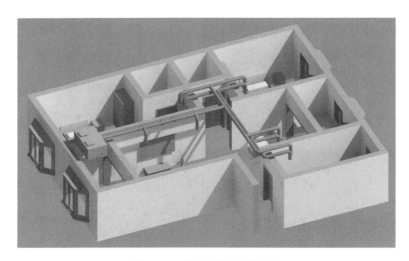

图 8-20　单管并联式新风系统

8.6.2　章鱼式系统

章鱼式系统一般使用 PE 管作为新风管，将主管连接到分风箱，再由分风箱分到每一路新风管道中，对于施工、设计的经验要求没有树枝式系统那么高。PE 管由于是软管，因此在延展性和拐弯能力上较为出色，好的 PE 管内壁还能抑菌抗菌，不会发霉。过滤的空气通过主管进入分风箱，分风箱内部有降噪功能，配合着 PE 管，可以解决大部分噪声问题。章鱼式系统在通风效率上更为出色，每一根 PE 管都是整管，后期清洗更为方便。虽然优点很多，但章鱼式系统的缺点也很明显，首先，PE 管的价格相对更高；其次，它需要更大的吊顶空间，对装修要求更高，且 PE 管是软管，相对 PVC 管来说更易损坏，内壁不光滑，风阻更大，可能需要配更大的主机来应对这部分损耗；最后，管道数量要比树枝式系统多，这导致在梁上打的洞较多，但因为管子细，对建筑本身影响并不大。图 8-21 为章鱼式新风系统。

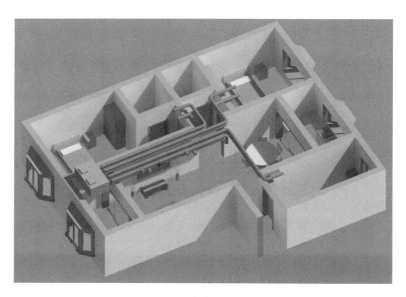

图 8-21　章鱼式新风系统

表 8-2 为单管并联式新风系统与章鱼式新风系统的比较。

表 8-2　单管并联式新风系统与章鱼式新风系统比较

项目	单管并联式	章鱼式
造价	低	高
气流状态	无法控制	气流均匀
噪声	设计及施工不到位时风噪声大，如变径和三通离设备太近则风噪声很大，紊流状态加剧	风噪声小
施工难度	根据具体情况确定	根据具体情况确定
开孔	开孔少，但开孔孔径大	开孔多，但开孔孔径小
风量调节	无法调节，支管加装风阀需预留多个检修口	在分配箱处加装风阀，便于调节，1 处检修即可
使用管材	PVC 管、金属螺旋管	PVC 管、PE 管、铝箔复合软管

8.7　新风口的设置

8.7.1　新风室外引入位置的确定

（1）远离燃气设备烟管排放口；

（2）远离其他污染源，如卫生间排气扇出风口、卫生间污水管及通气管、厨房油烟机出风口；

（3）远离空调外机散热口；

（4）新风设备引入口与排出口保持一定距离；

（5）新风引入口距室外地面不可以太近，以防止吸入泥沙；

（6）做好防雨措施。

8.7.2　新风系统的室内风口设计

合理的住宅建筑新风系统包含两个关键环节：按需分配和有序流动。因此，新风系统的室内送风口、排风口的选型及布置应符合下列要求[2]：

（1）送风口的空气流速宜为 2 ～ 3 m/s。

（2）送风口应带有调节风量功能，宜设导流装置。

（3）排风口不应设在送风射流区内和人员经常停留的地方。排风口的吸风速度不应大于 3 m/s。

（4）送风口和排风口不应相对布置，在同一高度布置时水平距离不应小于 1 m；垂直布置时，垂直距离不应小于 1 m。

8.8　新风系统管道阻力计算

空调风管的阻力计算方法很多，对于低速送风，大多采用等压损法、假定速度法及简略估算法等。新风系统管路阻力计算与空调风管类似。

8.8.1　等压损法

等压损法以单位长度风管的压力损失相等为前提。在已知总作用压力的情况下，取最长的环路或压力损失最大的环路，将总的作用压力值平均分配给风管的各个部分；再根据各部分的风量和所分配的作用压力值确定风管的尺寸，并结合各环路间的压力平衡进行调节，以保证各环路间的压力损失的差值小于15%。一般建议风管摩擦压力损失值为 0.8 ～ 1.5 Pa/m。

8.8.2　假定速度法

根据噪声和风管本身的强度，并考虑到运行费用来设定风管内的空气流速。常用的低速风管风速见表 8-3。

表 8-3　风管内的空气流速（低速风管）

风管类别	住宅 /（m/s）	公共建筑 /（m/s）
干管	$\dfrac{3.5\sim4.5}{6.0}$	$\dfrac{5.0\sim6.5}{8.0}$
支管	$\dfrac{3.0}{5.0}$	$\dfrac{3.0\sim4.5}{6.5}$
从支管上接出的风管	$\dfrac{2.5}{4.0}$	$\dfrac{3.0\sim3.5}{6.0}$
通风机入口处风管	$\dfrac{3.5}{4.5}$	$\dfrac{4.0}{5.0}$
通风机出口处风管	$\dfrac{5.0\sim8.0}{8.5}$	$\dfrac{6.5\sim10}{11.0}$

注：表列值的分子为推荐流速，分母为最大流速。

确定风管风量和风速后，可以查询不同材料风管的单位摩擦阻力和局部管件（包括弯头、三通、变径、静压箱等）的局部阻力值。用沿程阻力损失加上局部阻力损失，就可以计算出系统的压力损失。

8.8.3　简略估算法

对于一般通风系统，风管压力损失值 ΔP(Pa) 可按照下式估算：

$$\Delta P = P_m \times L \times (1 + k) \tag{8-11}$$

其中：P_m——单位长度风管摩擦压力损失，Pa/m；

　　　L——到最远端送风口的送风管的总长度加上到最远端进风口的进风管的总长度，m；

　　　k——局部压力损失与摩擦压力损失的比值，弯头、三通、静压箱等少时取 1.0 ～ 2.0，弯头、三通、静压箱等多时取 3.0 ～ 5.0。

8.9 BIM 应用

8.9.1 基本介绍

BIM（building information modeling）技术是一种应用于工程设计、建造、管理的数据化工具。它以三维数字技术为发展前提，集合了建筑工程项目的工程数据，对项目工程的实施主体和功能性特点通过数字化方式进行表示。BIM技术将建筑工程项目生命期内不同时期的数据、资源进行整合，对项目工程进行完整化、系统化的描述，为项目工程提供实时的工程项目数据信息，供建设项目参与者查阅使用。

BIM 具有可视化、协调性、模拟性、优化性和可出图性的特点。可视化即"所见即所得"，包括模型的三维立体实物图形可视，项目设计、建造、运营等整个建设过程可视，从而有助于更好地进行沟通、讨论和决策。协调性是建筑业中的重点内容，各专业项目信息有时会出现"不兼容"现象，如管道与结构冲突，预留的洞口没留或尺寸不对等情况。可使用BIM协调流程进行协调综合，减少不合理方案或问题方案。模拟性包括 3D 画面的模拟，如进行能效、紧急疏散、日照、热能传导等的模拟，在招投标和施工阶段可以进行 4D 模拟（三维模型加项目的发展时间），也就是根据施工的组织设计模拟实际施工，从而确定合理的施工方案来指导施工。同时，BIM 还可以进行 5D 模拟（4D 模型加造价控制），从而实现成本控制。在后期运营阶段可以模拟日常紧急情况的处理方式，例如地震人员逃生模拟及消防人员疏散模拟等。优化性即 BIM 及其配套的各种优化工具提供了对项目进行优化的可能，利用模型提供的各种信息实现优化。BIM 不仅能绘制常规的建筑设计图纸及构件加工图纸，还能出具各专业图纸及深化图纸和其他文档，如综合管线图、综合结构留洞图、碰撞检查侦错报告和建议改进方案等，使工程表达更加详细。

常用的BIM建模软件有：① Autodesk 公司的 Revit 建筑、结构和设备软件，常用于民用建筑；② Bentley 建筑、结构和设备系列，Bentley 产品常用于工业设计（石油、化工、电力、医药等）和基础设施（道路、桥梁、市政、水利等）领域；③ ArchiCAD 是一个面向全球市场的产品，可以说是一款具有市场影响力的 BIM 核心建模软件。

8.9.2 BIM 在建筑全生命周期的应用

BIM 在建筑的全过程中都能发挥作用，其典型应用大致分为 20 种，分别为：规划阶段的场地分析、建筑策划；设计阶段的BIM 模型维护、方案论证、可视化设计、协同设计、性能化分析、工程量统计、管线综合；施工阶段的施工进度模拟、施工组织模拟、数字化建造、物料跟踪、施工现场配合、竣工模型交付；运营阶段的维护计划、资产管理、空间管理、建筑系统分析和灾害应急模拟。

在建筑的设计阶段，BIM 提供工程的全部信息，将项目各阶段主要参与方集中起来，做出项目空间三维复杂形态的表达。与其他 3D 建模不同，BIM 可通过虚拟建筑样机提供建筑物精确的空间关系和数据，之后根据三维模型自动生成和更新各种图形和文档，实现信息同步共享。

在分析阶段可利用 BIM 三维可视化的特点进行建筑空间分析、体量分析和效果图分析，并利用工具软件创建3D 模型，完成结构条件图，对结构进行分析，进而得出合理的结构施工图。此外，可以通过能效分析与计算进行建筑的节能分析，并通过运用"零库存"的生产管理方式，采用限额领料制度，最大限度地发挥业主资金的效益，进行造价分析。进行工序分析时，可通过 BIM 模型和进度计划软件（如 MS Project，P3）的数据集成，实时监控施工进度，实时调整现场情况。还可进行安全、施工空间、环境影响等全面的可建性模拟分析，以及冲突碰撞检查分析，即建造前期对各个专业的碰撞问题进行模拟，生成与提供可整体化协调的数据，解决传统的二维图纸会审耗时长、效率低、发现问题难的问题。

在建筑的施工阶段可应用 BIM 的虚拟建筑结合实际的施工或管理现场操控现场施工，主要包括现场指导和现场跟踪两个方面。现场指导即利用 BIM 模型和 3D 施工图进行指导；现场跟踪则是应用激光扫描、GPS、移动通信、RFID 和互联网等技术以及项目的 BIM 模型联合进行跟踪，从而保证施工期间不会发生火灾之类的重大事故，并且能够提供更加准确、直观的 BIM 数据。

在建筑的运营阶段可应用 BIM 进行能耗、折旧、安全性预测，记录物业使用、维护、调试情况。此外，可进一步完善 BIM 数据，如建筑使用情况或性能、入住人员与容量、建筑已用时间、数字更新记录（完工情况、承租人或部门分配、家具和设备库存）、可出租面积、租赁收入、部门成本分配的重要财务数据，等等。

8.9.3　BIM 在新风系统设计中的应用

下面以某三室一厅房间为例，对 BIM 在新风系统设计及实施中的应用进行适当说明。图 8-22 为武汉市某小区三室一厅住宅户型图。该住宅由主卧室、次卧室、书房、卫生间、客厅、餐厅、厨房、阳台等组成。各房间的尺寸选取依据图纸，其中主卧室长 4.5 m、宽 3.6 m、高 3 m，次卧室长 4.2 m、宽 3.6 m、高 3 m，书房长 4.2 m、宽 2.6 m、高 3 m。

图 8-22　武汉市某小区三室一厅住宅户型图

根据前述介绍和建筑及房间布局，确定新风系统的管道及气流组织形式，确定送风口、排风口的类型后，可采用 BIM 建立房间的三维立体模型，并在其中进行管道布置，为后期施工提供参考。已完成的新风系统 BIM 示意图如图 8-20、图 8-21 所示。

8.10　CFD 数值模拟技术应用

室内气流组织、空气品质及室内舒适性等可采用 CFD 数值模拟技术进行模拟预测。本小节先简要介绍 CFD 的基本知识与应用，再以 CFD 数值模拟在新风系统中的应用为例，模拟分析新风口布置位置对室内气流组织与环境（以 CO_2 浓度为代表）的影响。

8.10.1　CFD 数值模拟基本介绍

CFD 是英文 computational fluid dynamics（计算流体力学）的简称。它是伴随着计算机技术、数值计算技术的发展而发展的。简单地说，CFD 相当于"虚拟"地在计算机上做实验，模拟仿真实际的流体流动情况。其基本原理是通过数值算法求解控制流体流动的微分方程，得出流体流动的流场在连续区域上的离散分布，从而近似模拟流体流动情况。可以认为 CFD 技术是现代模拟仿真技术的一种，CFD 技术在暖通空调工程中有广泛的应用[3]。

总体而言，CFD 数值模拟通常有以下几个主要环节：建立数学物理模型、数值算法求解、结果可视化。

建立数学物理模型是对所研究的流动问题进行数学描述，对于暖通空调工程领域的流动问题而言，通常是建立不可压缩黏性流体流动的控制微分方程。另外，由于暖通空调工程领域的流体流动基本为湍流流动，所以要结合湍流模型才能构成对所关心问题的完整描述，便于数值求解。通过对黏性流体流动的通用控制微分方程、动量守恒方程、能量守恒方程以及湍流动能和湍流动能耗散率方程的求解，可获得工程中关心的流场速度、温度、浓度等物理量分布。

各微分方程相互耦合，具有很强的非线性特征，目前只能利用数值算法进行求解。这就需要对实际问题的求解区域进行离散。数值算法中常用的离散形式有有限容积、有限差分、有限元。目前这三种方法在暖通空调工程领域的 CFD 技术中均有应用。总体而言，对于暖通空调工程领域中的低速、不可压流动和传热问题，采用有限容积法进行离散的情形较多。它具有物理意义清楚，总能满足物理量的守恒规律的特点。离散后的微分方程组就变成了代数方程组。通过离散，难以求解的微分方程变成了容易求解的代数方程，采用一定的数值计算方法求解代数方程，即可获得流场的离散分布，从而模拟流体流动情况。

代数方程求解得到的结果是离散后的各网格节点上的数值，这样的结果不直观，难以被一般工程人员或其他相关人员理解。因此将求解得到的速度场、温度场或浓度场等表示出来就成了 CFD 技术应用的必要组成部分。通过计算机图形学等技术，我们就可以将所求解的速度场和温度场等形象、直观地表示出来。通过可视化的后处理，可以将单调繁杂的数值求解结果形象、直观地表示出来，便于非专业人士理解。如今，CFD 的后处理不仅能显示静态的速度场、温度场图片，而且能显示流场的流线或迹线动画，非常形象生动。

8.10.2　模拟对象

本书选取武汉市某小区三室一厅住宅作为物理模型。该住宅由主卧室、次卧室、书房、卫生间、客厅、餐厅、厨房、阳台等组成。各房间的尺寸选取依据图纸，其中主卧室长 4.5 m、宽 3.6 m、高 3 m，次卧室长 4.2 m、宽 3.6 m、高 3 m，书房长 4.2 m、宽 2.6 m、高 3 m。住宅平面图见图 8-22，房间的门窗尺寸见表 8-4。

表 8-4　房间门窗尺寸　　　　　　　　　　　　　　　　　　　　　　单位：m

房间类型	门		窗	
	宽	高	宽	高
主卧室	0.8	2	2.4	1.5
次卧室	0.8	2	1.8	1.5
书房	0.8	2	1.4	1.5
卫生间 1	0.8	2	0.6	0.9
卫生间 2	0.8	2	0.6	0.9

房间类型	门		窗	
	宽	高	宽	高
厨房	1.6	2	1.6	1.5
阳台	2.7	2	—	—
客厅	0.96	2.05	—	—

8.10.3 边界条件

1. 门窗缝隙面积的设定

本例旨在模拟夜晚房间 CO_2 浓度的变化，故室内的门窗为关闭状态，室外空气主要通过门窗的缝隙进入室内。在标准状态下，压力差为 10 Pa 时对门窗的气密性根据单位开启缝长空气渗透量 q_1 和单位面积空气渗透量 q_2 所做的等级划分见表 8-5。根据可开启外窗的气密性等级对应的渗透风量和渗透速度计算出其渗透面积的大小。

表 8-5 门窗气密性分级 [4]

分级	1	2	3	4	5	6	7	8
单位缝长分级指标值 q_1/ [(m³/(m·h)]	$4.0 \geq q_1 > 3.5$	$3.5 \geq q_1 > 3.0$	$3.0 \geq q_1 > 2.5$	$2.5 \geq q_1 > 2.0$	$2.0 \geq q_1 > 1.5$	$1.5 \geq q_1 > 1.0$	$1.0 \geq q_1 > 0.5$	$q_1 \leq 0.5$
单位面积分级指标值 q_2/[(m³/ (m²·h)]	$12 \geq q_2 > 10.5$	$10.5 \geq q_2 > 9.0$	$9.0 \geq q_2 > 7.5$	$7.5 \geq q_2 > 6.0$	$6.0 \geq q_2 > 4.5$	$4.5 \geq q_2 > 3.0$	$3.0 \geq q_2 > 1.5$	$q_2 \leq 1.5$

对于设有气密设施的窗缝，当内外压差为 10 Pa，平均缝宽为 0.1 mm 时，窗缝的渗透风量为 0.2 m³/（h·m），渗透速度为 0.2/（1×0.0001×3600）m/s =0.56 m/s。

相关标准规定，10 层以上建筑外窗的气密性不应低于 7 级 [5]。民用居住建筑的外窗的气密性参照公共建筑的外窗气密性。单位面积空气渗透量 q_2=2 m³/(m²·h)，取渗透速度为 0.56 m/s 计算，则单位面积玻璃窗的渗透面积为 2/3600/0.56 m²/m²=0.00099 m²/m²。可根据窗户面积与单位面积玻璃窗的渗透面积计算房间各窗的缝隙面积。

根据对户内门的现场调研与实测，可初步确定户内门的缝隙宽度为 0.7 cm。户内门的缝隙面积可根据缝隙的宽度及门的周长进行计算。

2. CO_2 浓度及人员呼吸的设定

据相关文献，人体吸入空气中的 CO_2 浓度为 0.04%，呼出空气中的 CO_2 浓度为 3.6%。CO_2 的排出量主要取决于人体的代谢率，即

$$V_{CO_2} = 0.04M \times A_D \tag{8-12}$$

式中：V_{CO_2}——单位时间内产生 CO_2 的体积，mL/s；

M——代谢率，W/m^2；

A_D——人体皮肤表面积，m^2。

$$A_D=0.202\,m^{0.425}\times H^{0.725}$$

式中：m——人的体重，kg；

H——人的身高，m。

据相关文献，一个身高为 1.78 m、体重为 65 kg 的成年男子的皮肤表面积为 1.8 m^2 左右，人在睡眠状态下的代谢率为 40 W/m^2。故人体在睡眠状态下 CO_2 的排出量 $V_{CO_2}=0.04\times40\times1.8\,mL/s=2.88\,mL/s=0.010368\,m^3/h$。

根据规范要求，室内 CO_2 浓度标准值为 0.1%[6]。在静坐条件下，当环境中 CO_2 浓度为 0.1% 时，人员所需新风量为 20.6 m^3/h。室内 CO_2 浓度对人体的影响见表 8-6。

表 8-6　室内 CO_2 浓度对人体的影响

CO_2 浓度 /（%）	人员生理反应
0.03	室外正常空气，室内大多数人员察觉不到
0.07	室内少数敏感人员已经察觉
0.1	大多数人员感到不舒适
1	呼吸速率变快，对学习工作效率没有很明显的影响
2	脑袋疼、嗜睡、听力轻度下降、计算效率降低 30%
4	不能正常呼吸、意识变差、工作效率受到很大影响
6	头疼非常严重、呕吐、神经紊乱、呈现发狂状态
7～9	大约 10 分钟内出现意识模糊状态

3. 模拟区域

本书旨在研究当房间门窗为关闭状态，室外的空气在风压的作用下通过门窗缝隙进入室内时房间内的 CO_2 浓度分布，以及室内设置新风口时新风口布置位置的不同对室内 CO_2 分布的影响。模拟无组织新风时需要建立室外流场模型以获取缝隙的风速，进而获得进入室内的新风量及渗出的风量。建筑室外流场的建立依据以下原则：

（1）外流场的高度取建筑高度的 2～3 倍；

（2）主导风向方向上的流场边界距建筑的距离取建筑特征长度的 1 倍；

（3）速度入口边界距建筑的距离取建筑高度的 2～4 倍；

（4）速度入口方向上的出口流场边界距建筑的距离取建筑高度的 5～6 倍。

本建筑位于武汉，夏季主导风速为 2.3 m/s。主卧室设置 2 人，次卧室和书房各设置 1 人，其余房间无人员。各房间新风量根据人数设置。建立的模型如图 8-23 所示。

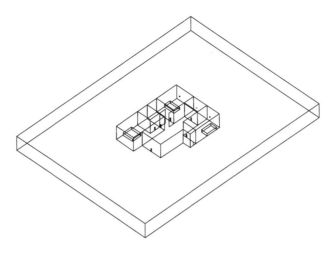

图 8-23　建筑物理模型

4. 新风口位置

　　房间在夜间采用 5 种不同的新风口位置布置方式，分别为：①新风口位于床头上方；②新风口位于房间中央顶部；③新风口位于房间远离头部一侧；④新风口靠近窗户；⑤新风口靠近门。具体如图 8-24 所示。

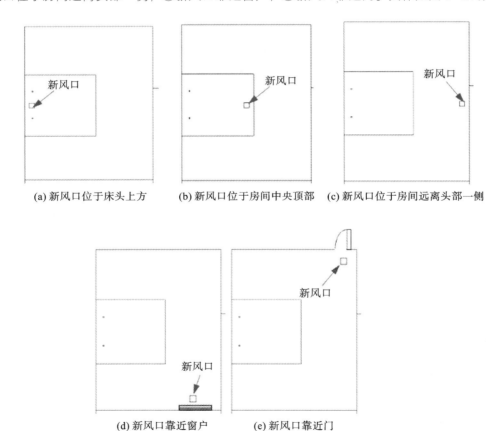

(a) 新风口位于床头上方　(b) 新风口位于房间中央顶部　(c) 新风口位于房间远离头部一侧

(d) 新风口靠近窗户　(e) 新风口靠近门

图 8-24　5 种不同的新风口位置布置方式

　　选取人员头部附近 0.5 m×0.5 m×0.5 m 区域的 CO_2 浓度作为人员头部区域 CO_2 浓度，比较不同工况下该区域 CO_2 浓度的大小。

8.10.4 模拟结果

1. 不同新风口位置对室内空气 CO_2 含量的影响

通过模拟可得出该户型所有房间在采用不同的新风口位置时，离地面高度为 0.7 m 的截面上的 CO_2 浓度分布，如图 8-25 所示。

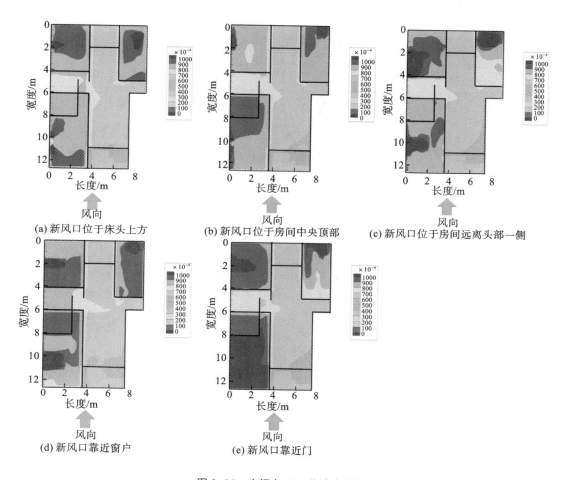

(a) 新风口位于床头上方　　(b) 新风口位于房间中央顶部　　(c) 新风口位于房间远离头部一侧

(d) 新风口靠近窗户　　(e) 新风口靠近门

图 8-25　房间内 CO_2 的浓度分布

当新风口位于床头上方时，房间平均 CO_2 浓度低于标准值，主卧室、次卧室人员头部区域 CO_2 浓度略高于标准值，书房人员头部区域 CO_2 浓度达到 0.21%。主要原因是，新风口送出的新风能够直接到达人员头部区域，降低该区域的 CO_2 浓度。进行类似统计，依次能得到各房间采用不同的新风口位置时的房间平均 CO_2 浓度和人员头部区域 CO_2 浓度，如表 8-7 所示。

表 8-7　不同新风口位置对应的房间平均 CO_2 浓度和人员头部区域 CO_2 浓度

新风口位置	CO_2 浓度 / (%)					
	主卧室		次卧室		书房	
	房间	人员头部区域	房间	人员头部区域	房间	人员头部区域
床头上方	0.0905	0.1160	0.0924	0.1275	0.0946	0.1755

新风口位置	CO_2 浓度/（%）					
	主卧室		次卧室		书房	
	房间	人员头部区域	房间	人员头部区域	房间	人员头部区域
房间中央顶部	0.0929	0.1945	0.0886	0.2980	0.0942	0.2330
房间远离头部一侧	0.1090	0.4080	0.1070	0.3585	0.0919	0.2120
靠近窗户	0.0994	0.1995	0.0957	0.1875	0.0937	0.1810
靠近门	0.1270	0.3820	0.1130	0.5000	0.0893	0.1970

新风口布置位置的不同对室内 CO_2 浓度有一定影响，对人员头部区域 CO_2 浓度有较大影响。

对主卧室来说，新风口位于床头上方时房间 CO_2 浓度及人员头部区域 CO_2 浓度最低；新风口位于房间中央顶部及新风口靠近窗户时房间 CO_2 浓度达标，但人员头部区域 CO_2 浓度较高；新风口位于房间远离头部一侧及新风口靠近门时房间 CO_2 浓度超过标准值。

对次卧室来说，新风口位于床头上方时房间 CO_2 浓度达标，人员头部区域 CO_2 浓度最低；新风口位于房间中央顶部时房间 CO_2 浓度最低，但人员头部区域 CO_2 浓度较高；新风口靠近窗户时房间 CO_2 浓度达标，但人员头部区域 CO_2 浓度较高；新风口位于房间远离头部一侧及新风口靠近门时房间 CO_2 浓度超过标准值。

对书房来说，5 种新风口位置对应的房间 CO_2 浓度均达标，其中新风口靠近门时房间 CO_2 浓度最低，新风口靠近窗户时人员头部区域 CO_2 浓度最低。

2.不同新风口位置对室内气流组织的影响

通过上述分析可知，新风口位置对室内空气中 CO_2 浓度有较大影响。下面进一步阐述不同新风口位置对室内气流组织的影响。

图 8-26 展示了本节气流组织速度矢量的截面位置，后文将通过对比不同风口产生的气流组织说明新风口位置对室内空气中 CO_2 浓度的影响。

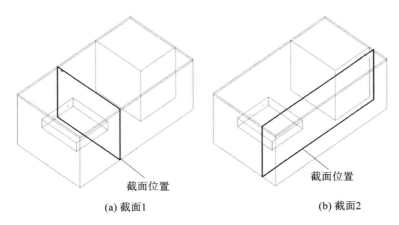

(a) 截面1　　　　　　　　　　(b) 截面2

图 8-26　本节气流组织速度矢量的截面位置

图 8-27 表明，当新风口位于床头上方时，新风气流将直接吹向床头，这就能直接将人头部附近的空气进行

更新，进而降低该位置的 CO_2 浓度。而另外两种新风口，新风气流无法顺利到达床头及人头部附近区域。因此，新风口布置在床头上方相对更好。

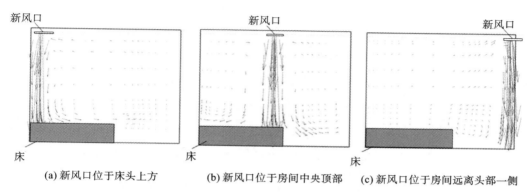

(a) 新风口位于床头上方　　(b) 新风口位于房间中央顶部　　(c) 新风口位于房间远离头部一侧

图 8-27　主卧房间：新风口分别位于床头上方、房间中央顶部、房间远离头部一侧的气流组织

图 8-28 表明，当新风口位于门、窗边上时，新风气流进入室内后，部分新风将直接吹向室外，而无法有效改善室内空气质量。就图中 3 种新风口而言，显然将新风口布置在房间内部更好。

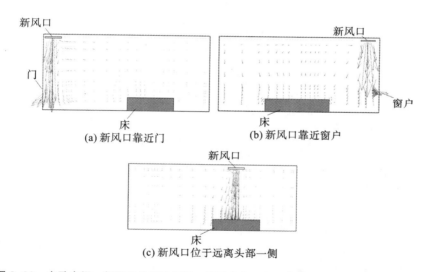

(a) 新风口靠近门　　　　　(b) 新风口靠近窗户

(c) 新风口位于远离头部一侧

图 8-28　主卧房间：新风口分别靠近门、靠近窗户、位于房间远离头部一侧的气流组织

综合上述 5 种新风口位置对气流组织的影响，可知新风口布置在床头上方相对最好，因为此时房间内的 CO_2 浓度以及人员头部区域的 CO_2 浓度最低。

其他房间的结果表明：对次卧室来说，新风口位于房间中央顶部时房间 CO_2 浓度最低，位于床头上方时人员头部区域 CO_2 浓度最低；对书房来说，新风口靠近门时房间 CO_2 浓度最低，靠近窗户时人员头部区域 CO_2 浓度最低。

8.11　小结

本章就住宅新风系统及设计的相关概念和技术进行了总结。介绍了新风系统类型、新风系统的设计流程、新风系统的热湿处理过程、新风系统气流组织基础及设计原则、新风系统的风口形式、新风系统管道形式、新风口位置和设计原则、新风系统的阻力计算，以及当前先进的设计方法（包括 BIM 及其应用、CFD 及其应用）、应用案例等。

参考文献

[1] 陆耀庆. 实用供热空调设计手册 [M]. 2 版. 北京：中国建筑工业出版社，2008.

[2] 赵荣义，范存养，薛殿华，等. 空气调节 [M].4 版. 北京：中国建筑工业出版社，2009.

[3] 李鹏飞，徐敏义，王飞飞. 精通 CFD 工程仿真与案例实战：FLUENT GAMBIT ICEM CFD Tecplot[M].2 版. 北京：中国邮电出版社，2017.

[4] 中华人民共和国住房和城乡建设部. 建筑外门窗气密、水密、抗风压性能检测方法：GB/T 7106—2019[S]. 北京：中国标准出版社，2019.

[5] 中华人民共和国住房和城乡建设部. 公共建筑节能设计标准：GB 50189—2015[S]. 北京：中国建筑工业出版社，2015.

[6] 中华人民共和国住房和城乡建设部. 公共建筑室内空气质量控制设计标准 :JGJ/T 461—2019[S]. 北京：中国建筑工业出版社，2019.

9

新风系统与设备

9.1 新风系统分类

新风系统可以按照不同的方式进行分类：按系统构建方式可分为管道式、无管道式；按空气流向可分为单向流、双向流；按空气来源可分为全新风直流式、带回风混合式；按空气处理措施可分为净化处理、热湿处理、热回收；按安装形式可分为吊顶式、落地式、立柜式、壁挂式、墙式、窗式等；按是否带能量回收可分为带能量回收和不带能量回收。

结合新风系统安装原理与通风原理，以及市场调研，将家用新风系统概括为10类：管道式单向正压型新风系统、管道式单向负压型新风系统、管道式双向无热回收型新风系统、管道式双向带热回收型新风系统、无管道柜式单向正压型新风系统、无管道柜式双向带热回收型新风系统、无管道壁挂式单向正压型新风系统、无管道壁挂式单向负压型新风系统、无管道壁挂式双向无热回收型新风系统、无管道壁挂式双向带热回收型新风系统。

1. 管道式单向正压型新风系统

管道式单向正压型新风系统主要包括市场所售的吊顶式新风机与落地式新风机。该类新风系统在安装时一般设室内送风管道，无须设置室内排风管道，由室外引进新风送入室内，营造室内微正压环境。

2. 管道式单向负压型新风系统

管道式单向负压型新风系统主要包括市场所售的排风机。该类新风系统在安装时一般设室内排风管道，将室内空气抽离，排出室外，营造室内负压环境，通过门窗缝隙等渗入室外新鲜空气。管道式单向负压型新风系统示意图如图9-1所示。该系统由1台排风主机、管道、窗式（或墙式）进气口组成，通常将排风口安装在厨房、卫生间等污浊空气聚集的地方，并通过排风机将污浊空气排除，新风通过窗户或者安装在卧室、客厅门窗上方的新风口导入，从而向室内补充新鲜空气。

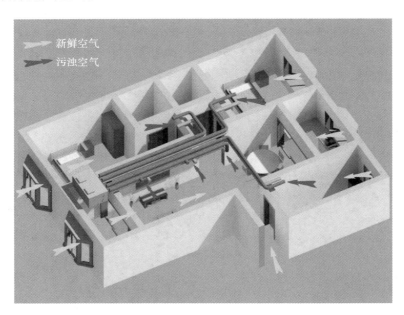

图9-1 管道式单向负压型新风系统示意图

3. 管道式双向无热回收型新风系统

管道式双向无热回收型新风系统主要包括市场所售的双向流新风机、送风机与排风机联用的双向流新风系统。

该类新风系统在安装时一般需设室内排风管道与送风管道，工作时，机械送风，机械排风，新风与回风无热交换过程。送风机与排风机可调节送、排风比例，控制室内微正压环境。

4. 管道式双向带热回收型新风系统

管道式双向带热回收型新风系统主要包括市场所售的吊顶式、壁挂式、落地式双向流新风机，一般内置热交换模块。该类新风系统在安装时一般需设室内排风管道与送风管道，工作时，机械送风，机械排风，新风与回风进行热交换，回收排风冷/热量，减少能量流失。送、排风机可调节送、排风比例，控制室内微正压环境。如图 9-2 所示，该系统主要由 1 台新风净化箱、1 台全热交换器、管道、送风口、排风口组成。室外空气通过新风净化箱过滤杂质，经过过滤的新鲜空气再通过全热交换器，同时室内污浊空气也到达主机内部，2 种空气会进行能量交换，而热回收芯体能够回收 60% 左右的能量，从而降低空调的能量流失。管道式双向带热回收型新风系统可以解决管道式单向负压型通风系统的诸多问题，还能通过自带或在送风管道上安装空气净化装置等技术措施，有效消除 $PM_{2.5}$。但是，该系统成本较高，主机体积较大，连接管道较多，热回收芯体及过滤装置需要定时维护。

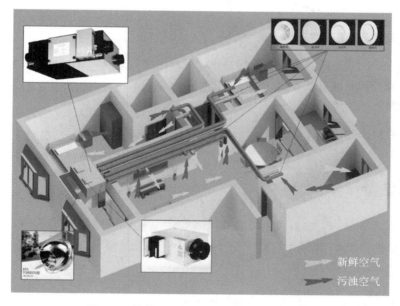

图 9-2　管道双向带热回收型新风系统示意图

5. 无管道柜式单向正压型新风系统

无管道柜式单向正压型新风系统主要包括市场所售的柜式新风机。该类新风系统在安装时无须设室内排风管道与送风管道，只需要在墙壁上开孔，将新风机的新风进口连接至室外。工作时，由室外引进新风送入室内，营造室内微正压环境。

6. 无管道柜式双向带热回收型新风系统

无管道柜式双向带热回收型新风系统主要包括市场所售的柜式双向流新风机，一般柜式双向流新风机均设有热交换模块。该类新风机在安装时无须设室内排风管道与送风管道，只需要在墙壁上开孔，将新风机的新风进口与排风口连接至室外。工作时，机械送风，机械排风，可调节送、排风比例，控制室内微正压环境。

7. 无管道壁挂式单向正压型新风系统

无管道壁挂式单向正压型新风系统主要包括市场所售的壁挂式新风机。该类新风系统在安装时无须设室内排风管道与送风管道，只需要在墙壁或窗户玻璃上开孔，将新风机的新风进口连接至室外。工作时，由室外引进新风送入室内，营造室内微正压环境。

8. 无管道壁挂式单向负压型新风系统

无管道壁挂式单向负压型新风系统主要包括市场所售的壁挂式排风机。该系统在安装时无须设室内排风管道与送风管道，只需要在墙壁上开孔，工作时将室内空气抽离，排出室外，功能与抽油烟机、排气扇相同。

9. 无管道壁挂式双向无热回收型新风系统

无管道壁挂式双向无热回收型新风系统主要包括市场所售的壁挂式送风机与壁挂式排风机联合使用的双向流新风系统。该类新风系统在安装时无须设室内排风管道与送风管道，只需在墙壁上开孔，将新风机的新风进口与排风口连接至室外。工作时，机械送风，机械排风，新风与回风无热交换过程，可调节送、排风比例，控制室内微正压环境。

10. 无管道壁挂式双向带热回收型新风系统

无管道壁挂式双向带热回收型新风系统主要包括市场所售的壁挂式双向流新风机，一般壁挂式双向流新风机均设有热交换模块。该类新风系统在安装时无须设室内排风管道与送风管道，只需在墙壁上开孔，将新风机的新风进口与排风口连接至室外。工作时，机械送风，机械排风。

附录 A 按照上述分类对部分新风设备进行了介绍，以供设计选型参考。

9.2 新风设备

新风系统是在相对密闭的室内，由新风主机内的风机为空气流通提供动力，在机械送风的同时对进入室内的空气进行过滤、灭毒、杀菌、增氧、预热（冬天），室内污染的空气通过排风口、风管排到室外，在室内会形成"新风流动场"，从而满足室内新风换气的需要。

9.2.1 新风过滤材料

新风系统的过滤网是整个系统中最为重要的一环，一般可以分为三个层次，即粗效过滤网、中效过滤网及高效过滤网。粗效过滤网用以过滤室外大颗粒粉尘和虫子等；中效过滤网用以过滤室外花粉等小颗粒物质；高效过滤网即达到 HEPA 标准的过滤网，可过滤绝大多数粒径在 0.3 微米以上的灰尘。在新风系统当中，粗效过滤网、中效过滤网、高效过滤网一般不单独使用，而是两种或三种配合使用。

过滤方法按照过滤原理分为物理过滤法与静电过滤法。新风系统当中目前多采用物理过滤法，滤网需要定时更换，否则不能达到良好的过滤效果。

过滤网按照过滤材质分为无纺布过滤网、玻璃纤维过滤网、合成纤维过滤网、活性炭过滤网、蜂窝状活性炭过滤网、纳米银过滤网、光触媒过滤网等。

无纺布过滤网采用的无纺布具有使用广泛性、技术成熟性、稳定性好等技术特点，是我国目前粗、中效板式、袋式过滤器的典型滤材。玻璃纤维过滤网主要由各种粗细、长短不一的玻璃纤维经特殊的加工工艺制成，性能稳定、耐高温、效率高、容量大、使用寿命长，广泛应用于一般通风系统的粗效过滤器、耐高温过滤器及高效过滤器。合成纤维过滤网采用合成纤维材料，在一般的过滤环境下可全面替代无纺布及玻璃纤维过滤网，覆盖粗效、中效、高效全系列过滤产品，和其他同级别的滤材相比具有阻力小、重量轻、容量大、环保、价格适中等优点。

活性炭过滤网具有活性炭高效的吸附性能，可用于空气净化，去除空气中的污染物。蜂窝状活性炭过滤网是在聚氨酯泡棉上载附粉状活性炭制成的，其含碳量在 35% ～ 50%，空气阻力小，能耗低，可在一定风量下除臭、除异味，具有很好的净化效果。在使用上，这两种过滤网一般应配合独立的粗效、中效过滤器使用。

纳米银是粉末状银单质，粒径小于 100 nm，一般在 25 ～ 50 nm 之间，对大肠杆菌、淋球菌、沙眼衣原体等数十种致病微生物都有强烈的抑制和杀灭作用，而且微生物不会产生耐药性。纳米银过滤网是将纳米银抗菌剂添加到母料中，然后拉丝编织成过滤网，使过滤网每根网丝都具备抗菌性能。纳米银过滤网抗菌性能高，可达 99% 以上，且容易清洁，水洗后抗菌性能不变。

光触媒过滤网以纳米二氧化钛光触媒为原料，结合最新技术使光触媒以最小的颗粒均匀附着在过滤网表面，以太阳光、日光灯、紫外光为能源，激发价带上的电子（e^-）跃迁到导带，在价带上产生相应的空穴（h^+），生成具有极强氧化作用的活性氧和氢氧自由基，将 TVOC 等有害有机物、细菌等氧化分解成无害的 CO_2 和 H_2O，达到净化空气的目的。

一般来说，无纺布过滤网、玻璃纤维过滤网多用作粗效过滤网，合成纤维过滤网、活性炭过滤网、蜂窝状活性炭过滤网、纳米银过滤网、光触媒过滤网多用作中效、高效过滤网。品质较好的新风系统会装配两层以上的过滤网来高效过滤空气污染物。

9.2.2 新风热交换芯

热交换芯是用于空调或室内排风能量回收的节能部件，主要由外壳体、换热芯体和过滤器组成。新风和排风在进出房间前先进入该部件，在通过换热芯体时进行显热或者全热交换，如图 9-3 所示，既保证了室内空气的清新、流通，同时借助排风的能量预处理新风，在夏季和冬季可以使新风获得降温（减湿）或增温（加湿）处理，从而使能量得到有效的回收，可明显降低空调系统的运行费用，一般可以节约新风处理能耗 25% 以上。

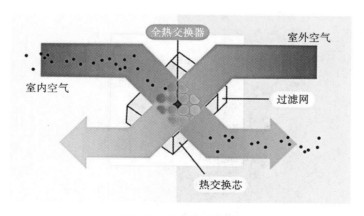

图 9-3 全热交换示意图

对于显热交换芯，室内排风和室外新风以正交叉的方式流经换热芯体，由于气流分隔板两侧气流存在温差，两股气流通过分隔板时呈现传热现象，引起显热交换过程。夏季运行时，新风从空调排风中获得冷量，温度降低；冬季运行时，新风从空调排风中获得热量，温度升高。这样，通过换热芯体的显热换热过程，新风从空调排风中回收能量。

对于全热交换芯，室内排风和室外新风以正交叉的方式流经换热芯体，由于气流分隔板两侧气流存在温差和蒸汽分压差，两股气流通过分隔板时呈现传热传质现象，引起全热交换过程。夏季运行时，新风从空调排风中获得冷量，温度降低，同时被空调风干燥，含湿量也降低；冬季运行时，新风从空调排风中获得热量，温度升高。这样，通过换热芯体的全热换热过程，新风从空调排风中回收能量。

热交换芯通常做成叉流板翅式，由隔板、翅片、封条、导流片组成。在相邻两隔板间放置翅片、导流片以及封条组成一夹层，称为通道。将这样的夹层根据流体的不同方式叠置起来，钎焊成一个整体便组成板束。板束是板翅式换热器的核心，配以必要的封头、接管、支撑等就组成了板翅式换热器。

显热交换芯通常采用金属材料的芯体，只交换温度，不交换湿度，常用的材料有纯铝箔、亲水铝箔、环氧树脂涂层铝箔、不锈钢箔等。图9-4为铝制显热交换芯实物图。该铝制芯体的材质是铝板（或者薄钢片），坚固且不易变形，可以水洗、消毒，使用寿命较长。

图9-4　铝制显热交换芯实物图

全热交换芯通常采用纸质或高分子材料的芯体，在交换温度的同时，湿度也得到交换，常用的材料有专用纤维制成的换热纸、石墨烯等。图9-5为纸质全热交换芯实物图。纸质芯体由纳米纤维制成，不易产生冷凝水（即凝露型液滴），成本较低，但气密性较差且机械强度较低，在湿度较大的环境中容易变形、发霉，并且无法清洗，使用寿命较短（一般2～3年）。

图9-5　纸质全热交换芯实物图

9.2.3　新风电机

新风系统用的电机有两种：直流电机和交流电机。

直流电机具有以下优点：启动特性和调速特性良好，转矩比较大，维修比较便宜，可实现 0 ～ 100% 无级调速，运行噪声低，效率高达 90%，运行时间长。主要缺点是制造费用比较高。

交流电机具有制造成本低、结构简单、维护容易、对环境要求低等优点。随着矢量变频技术的发展，已经可以用变频电机模拟成直流电机。交流电机的主要缺点是启动性和调速性较差、发热量大、耗能多，速度控制需要外接变压器、可控硅调速器、变频调速器。

一般来说，直流电机比交流电机具有更多优点，从目前的应用趋势来看，新风系统将逐步采用直流电机。

9.2.4　新风控制

根据新风系统控制要求的不同，新风控制有三种常用形式，即机械式开关、液晶触控屏、智能控制。

（1）在墙壁上设置机械式开关，一般采用 86 型控制盒，控制新风机的开启和关闭，根据需要选择运行风速。新风系统的电机一般采用两个速度（高速和低速）或者三个速度（高速、中速、低速）。

（2）在墙壁上设置液晶触控屏，一般也是采用 86 型控制盒，通过触控面板上的按键可以控制新风系统的启停、速度的切换、手动 / 自动转换，以及普通换气与能量回收两种工作模式的切换。有的设置有温度显示，一般采用灵敏的热敏电阻作为感温元件检测室内温度。还有的设置有室内环境因素（如二氧化碳、$PM_{2.5}$、TVOC 等浓度）的检测与显示，室内空气质量一目了然，可提升用户满意度。

（3）智能控制。对新风系统进行智能控制，如通过手机进行远程控制、感应控制、网络控制，或者全自动控制等。

9.3　智能新风系统

智能新风系统是利用先进的计算机技术、网络通信技术、综合布线技术，将与空气质量有关的各个设备如新风机、净化设备、测量装置、温湿度调节装置等有机地结合在一起，通过网络化综合智能控制和管理，营造"以人为本"的健康安全的空气环境。智能新风系统作为智能家居的一个重要组成部分，可实现快捷高效的服务与管理，提供安全舒适的家居环境。智能新风系统的核心就是脱离人的实时控制，根据室内外的环境状况实时分析和决定运行策略，实现设备的自我管理。智能新风系统包含的子系统有新风系统、智能（中央）控制管理系统、净化系统、温湿度调节系统等。各个子系统都应该具有有效的数据传输能力。智能（中央）控制管理系统是实现智能控制主要功能的必备系统，只有完整地安装了必备系统的新风系统才能被认定为智能新风系统。

9.4　小结

本章将住宅新风系统根据不同的方式进行分类，共分为 10 类，即管道式单向正压型新风系统、管道式单向负压型新风系统、管道式双向无热回收型新风系统、管道式双向带热回收型新风系统、无管道柜式单向正压型新风系统、无管道柜式双向带热回收型新风系统、无管道壁挂式单向正压型新风系统、无管道壁挂式单向负压型新风系统、无管道壁挂式双向无热回收型新风系统、无管道壁挂式双向带热回收型新风系统，还对新风过滤材料、热交换芯，以及控制方式等进行了介绍。随着信息与通信技术的发展，智能新风系统将作为一种全新的室内空气处理设备出现在智能家居系统中。

10

新风系统的施工与调试

住宅新风系统设计完成后应进行规范化施工安装与调试，以达到设计与使用要求，故新风系统的施工安装与调试是整个建设过程中的重要组成部分。

新风系统安装是一项复杂的工程，它要求施工人员对房间主体构造有深入了解，对新风管道的排布符合实用、美观的要求，对施工现场卫生环境进行严格把控等。施工安装是把守新风系统净化功能的第一道大门，如果施工安装不规范，那么再好的设备、再完美的方案设计也毫无作用。

新风系统施工与调试的相关规范标准有《通风与空调工程施工质量验收规范》（GB 50243—2016）[1]和《住宅新风系统技术标准》（JGJ/T 440—2018）[2]。

10.1　一般规定

10.1.1　施工安装

新风系统施工安装包含一系列流程，分别是进场设备验收、施工前准备、施工安装、施工后检验。

新风系统所使用的通风器、风管及部件、过滤设备、控制仪表等设备进场时，应按设计要求对其类型、材质、规格及外观等进行验收，并应形成验收文字记录。风机与空气处理设备还应附带装箱清单、设备说明书、产品质量合格证书和性能检测报告等文件，进口设备还应具有商检合格的证明文件。

施工安装前应具备以下条件：①施工图纸和有关技术文件齐全；②已制定相应的施工方案；③已对施工人员进行岗前培训和技术交底；④设备材料进场检验合格并满足安装要求；⑤施工现场具有供电条件，有储放设备材料的临时设施；⑥新风系统工程中的隐蔽工程，如通风器吊装和风管隐蔽工程，在隐蔽前经监理单位验收及认可签证。

风管系统安装后应进行严密性检验，检验合格后方能交付下道工序。风管系统严密性检验应以主、干管为主，并应符合《通风与空调工程施工质量验收规范》（GB 50243—2016）附录C的规定。风管系统支、吊架采用膨胀螺栓等胀锚方法固定时，必须符合相应技术文件的要求。净化空调系统风管及部件的安装，应在该区域的建筑地面工程施工已完成，且室内具有防尘措施的条件下进行。

10.1.2　调试与试运行

新风系统在投入使用前应进行系统的调试。这是最终实现系统设定目标的重要施工过程，也是竣工验收之前对系统设计、制造和安装进行自我检查和验收的过程。系统调试工作应由施工单位负责、监理单位监督，设计单位与建设单位参与和配合。

在新风系统调试前应编制调试方案，并应报送专业监理工程师审核批准。系统调试应由专业施工和技术人员实施，调试结束后，应提供完整的调试资料、会签文件并立卷归档。系统调试所使用的测试仪器应在使用合格检定或校准合格有效期内，精度等级及最小分度值应能满足工程性能测定的要求。

新风系统运行前，应在回风口处和过滤器前设置临时无纺布过滤器。检测和调整应在系统正常运行24 h及以上，达到稳定后进行。

整个系统非设计满负荷条件下的联合试运转及调试，应在单机试运转合格后进行。系统性能参数的测定应符合《通风与空调工程施工质量验收规范》（GB 50243—2016）附录E的规定。

10.2 施工细则

10.2.1 设备材料

新风系统所使用的设备材料应满足经济性、防火性能、环保性能和施工性能等要求。系统主要电气元件应为国家强制认证的产品。

1. 通风器

新风系统的通风器根据不同的使用条件有着不同的性能要求，应根据风量和风压进行综合选择，并满足以下条件：①通风器的风量应在系统设计新风量的基础上附加风管和其他设备的漏风量，附加率应为 5% ~ 10%；②通风器的风压应在系统计算的压力损失上附加 10% ~ 15%。

通风器可分为动力型通风器与无动力型通风器，其风量、风压、输入功率和噪声等性能应符合现行行业标准《通风器》（JG/T 391—2012）[3]的相关规定。

通风器的电气安全性能应符合现行国家标准《家用和类似用途电器的安全　第 1 部分：通用要求》（GB 4706.1—2005）[4]的相关规定。通风器宜选用静音型。当设计无要求时，通风器的噪声水平应符合现行国家标准《民用建筑隔声设计规范》（GB 50118—2010）[5]中对房间允许噪声级的规定。具有热回收功能通风器的热交换性能应符合现行国家标准《热回收新风机组》（GB/T 21087—2020）[6]的相关规定。

通风器对 $PM_{2.5}$ 的净化能效分级应符合表 10-1 的规定。通风器宜选用节能级，对 $PM_{2.5}$ 的净化能效应按下式计算：

$$\eta_E = \frac{Q_v \times E_{v2.5}}{100 \times W} \tag{10-1}$$

式中：η_E——通风器对 $PM_{2.5}$ 的净化能效，$m^3/(h \cdot W)$；

Q_v——通风器的额定风量，m^3/h；

$E_{v2.5}$——通风器的 $PM_{2.5}$ 一次通过净化效率，%；

W——通风器的额定功率，W。

表 10-1　通风器对 $PM_{2.5}$ 的净化能效分级

净化能效分级	净化能效 /[m^3/(W·h)]	
	单向流	双向流
节能级	$\eta_E \geqslant 5.00$	$\eta_E \geqslant 3.00$
合格级	$2.00 \leqslant \eta_E < 5.00$	$1.25 \leqslant \eta_E < 3.00$

2. 过滤设备

新风系统的过滤设备应满足后期更换维护需求，可单独设置在新风进风管上，也可集成在通风器壳体内部。过滤设备宜设置阻力检测和报警装置，报警装置可选用亮显式或声音提醒式，且应设置在显著位置。

过滤设备的效率、阻力和容尘量性能应符合现行国家标准《空气过滤器》（GB/T 14295—2019）[7]和《高效空气过滤器》（GB/T 13554—2020）[8]的规定。

过滤设备应符合下列规定：

①不宜采用油性过滤器；

②过滤器宜选用阻隔式；

③静电式过滤器应设置断电保护措施，在打开机组结构或进行维护维修时，其内部装置应能自动断电；

④应符合卫生要求，且不应对新风产生二次污染，静电式过滤器 1h 臭氧浓度增加量不应高于 0.05 mg/m³；

⑤可清洗、可更换的过滤器应拆装方便，清洗方法应简单；

⑥阻隔式过滤器宜选用成本低、方便采购、具有通用规格的产品。

3.风管

金属风管和非金属风管的材料品种、规格、性能与厚度等应符合现行国家标准《通风与空调工程施工质量验收规范》（GB 50243—2016）[1]的相关规定，其强度应能满足在 1.5 倍工作压力下接缝处无开裂。

风管材料的燃烧性能应符合下列规定：

①非金属风管材料的燃烧性能应符合现行国家标准《建筑材料及制品燃烧性能分级》（GB 8624—2012）[9]中不燃 A 级或难燃 B₁ 级的规定；

②非金属风管所用压敏（热敏）胶带和胶黏剂固化后的燃烧性能应为难燃 B₁ 级；

③ PVC 材料的法兰燃烧性能应为难燃 B₁ 级；

④风管连接处密封材料的燃烧性能应为不燃 A 级或难燃 B₁ 级。

风管的漏风量应符合下列规定：

①矩形风管的允许漏风量应按下式计算：

$$L_{fg} \leqslant 0.1056 P^{0.65} \tag{10-2}$$

式中：L_{fg}——风管在其工作压力下的允许漏风量，m³/(h·m²)；

$\qquad$ P——风管系统的工作压力，Pa。

②圆形金属风管、复合材料风管及采用非法兰形式的非金属风管的允许漏风量应为矩形风管规定值的 50%。

非金属风管的污染物浓度限值应符合现行行业标准《非金属及复合风管》（JG/T 258—2018）[10]的相关规定。

4.风阀

新风系统中选用的成品风阀应符合下列规定：

①风阀规格应符合国家现行相关标准的规定，并应满足设计和使用要求；

②风阀应启闭灵活，结构牢固，壳体严密，防腐良好，表面平整；

③风阀法兰与风管法兰应相匹配；

④采用驱动装置的风阀在最大工作压差下应操作正常；

⑤风阀应有开度的指示机构及保证风阀全开和全闭位置的限位机构，手动风阀还应有保持任意开度的锁定机构。

风阀的阀片允许漏风量应满足下式要求：

$$L_{\mathrm{fp}} \leq 17.00 \, (\Delta P)^{0.58} \qquad\qquad (10\text{-}3)$$

式中：L_{fp}——空气标准状态下阀片允许漏风量，$\mathrm{m^3/(h \cdot m^2)}$；

ΔP——阀片前后承受的压差，Pa。

风阀的最大工作压差不应小于产品名义值的 1.1 倍。当风阀全开时，有效通风面积比不应小于 80%。恒风量调节阀在规定的压差范围内，流量波动量不应超过额定流量的 10%。

5. 风口

风口的外观应表面平整，装饰面颜色一致，应无明显的划伤和压痕，拼缝应均匀。风口的几何性能应符合现行行业标准《通风空调风口》（JG/T 14—2010）[11] 的相关规定。

风口的机械性能应符合下列规定：

①风口的活动零件应动作自如，阻尼应均匀，不应卡死和松动；

②导流片可调或可拆卸的产品应调节拆卸方便和可靠，定位后不应松动；

③带调节阀的风口阀片应调节灵活可靠，阻尼应均匀，定位后不应松动。

10.2.2　安装施工

新风系统工程要求高，工种多，应预先全面系统地进行施工组织及管理，实现工程建设计划和设计要求，围绕着施工准备工作内容，对人力、资金、材料、机械和施工方法等进行科学合理的安排。协调好各工种之间、资源与时间之间、各项资源之间的关系，在整个施工过程中按照客观的施工程序及规律做出科学合理的安排，使工程施工取得相对最优的效果。

《住宅新风系统技术标准》（JGJ/T 440—2018）[2] 中对新风系统不同设备的施工安装做出了具体规定。

1. 通风器安装

通风器安装在相对次要区域，如厨房、储藏室、衣帽间等，这样能尽量避免机器运作的声音影响到睡眠与休息。通风器顶部与楼板的间距不小于 10 mm，避免通风器贴近楼板产生共振。通风器安装要保持水平，安装时，通风器吊杆螺母必须有防松措施，保证安装安全牢固，如有必要，可在吊杆处加减振垫。吊杆安装垂直（避免吊杆安装后出现内八或外八情况），内膨胀螺栓一定要胀开，以避免吊杆脱落。安装通风器时不要用锤子等工具敲击主机，避免破坏通风器表面及内部元件。在通风器接线盒下方，必须留有检修口，通风器安装位置必须便于维修。

（1）通风器安装应符合下列规定：

①安装时应校核通风器运行重量对吊顶、地面或屋面、墙体荷载的影响；

②通风器不应安装在非承重墙上；

③安装应固定平稳，应有防松动措施，并应采取减振措施；

④安装时应保证通风器进、出风方向的正确；

⑤风管与通风器的连接处应装设柔性接头，长度宜为 150～300 mm。

（2）吊顶式通风器的安装应符合下列规定：

①应按设计或机组安装说明进行吊顶安装，当无设计或机组安装说明时，可按相关标准图集进行安装；

②吊杆吊装时，吊杆锚固应采用膨胀螺栓与楼板连接，选用的膨胀螺栓和吊杆尺寸应能满足通风器的运行重量，螺栓锚固深度及构造措施应符合现行行业标准《混凝土结构后锚固技术规程》（JGJ 145—2013）[12]的规定；

③吊装通风器与顶棚和吊顶之间应有一定的距离，并应预留检修孔；

④安装后应进行调节，并应保持机组水平。

（3）落地式通风器的安装应符合下列规定：

①应在经过设计且有足够强度的水平基础上安装，通风器应固定在基础上；

②当安装在室外时，应采取防护措施；

③安装位置应便于维修，且通风器检修操作面与墙面的距离不应小于 600 mm。

（4）壁挂式通风器的安装应符合下列规定：

①当设置托架固定通风器时，可按设计或相关标准图集进行安装，当直接悬挂安装时，应保证挂板与墙面固定牢固，通风器与挂板的悬挂正确；

②当安装在室外时，应具备室外安装防护条件或采取防雨措施；

③安装位置应便于检修，室内悬挂安装时应易于将通风器取下，室外托架安装的检修应由专业人员操作。

（5）墙式通风器的安装应符合下列规定：

①墙体开孔时，孔洞直径应比墙式通风器套管直径大 10～15 mm；

②墙体孔洞和墙式通风器套管之间的缝隙应填密实；

③墙体上孔洞应有 0.01～0.02 的坡度坡向室外；

④套管内组件安装前应测试电机组件，电机组件运转应正常，套管内的各组件应按顺序安装；

⑤室内面板应与套管连接牢固；

⑥安装不应破坏墙体的结构和影响墙体的热工性能。

（6）窗式通风器的安装不应影响窗户的气密性，并应符合下列规定：

①宜采用嵌入式或压条固定式安装；

②窗户的隔热、隔声性能不应受影响；

③窗户的窗框、玻璃的结构安全性不应受影响；

④窗式通风器与窗户的外观应协调，安装宜美观。

2. 风管及部件的安装

新风系统通风管道的安装效果会影响到新风系统的使用效果。新风系统通风管道安装过程中，为保证新风系统的使用效果，防止通风管道内部被污染，管材的切口要平滑，管道内部要清洁，不能有任何杂物，而且管材之间的连接要牢固，不能留下脱水的痕迹。在安装新风系统之前要设计好安装图，安装过程中，严格按照图纸的设计要求进行安装。新风系统通风管道的安装过程要按照相应的标准严格执行，这样才可以带来更好的使用效果。

在新风系统的安装过程中，风口的安装也格外重要。在安装风口时要考虑其安装位置以及管材，它们都会影响新风系统的使用效果。风口应安装在室外空气较为洁净的地方，以避免污浊的气体影响室内的新鲜空气，另外，风口的安装最好采用硬 PVC 管与复合软管相结合的施工方法。

（1）通风器室外侧风管的安装应符合下列规定：

①风管的坡度应为 0.01～0.02，并应坡向室外；

②当新建住宅的风管穿外墙时，孔洞宜预留，预留位置应正确；

③当既有住宅的风管穿外墙时，孔洞施工应采取抑尘措施，且不应破坏墙体内主筋，孔洞直径不应大于 200 mm；

④当采用非金属风管且风管穿外墙时，宜采用金属短管或外包金属套管；

⑤室外侧风管不应有弯曲。

（2）通风器室内侧风管的安装应符合下列规定：

①距离通风器 300～500 mm 处不应变径或加弯头处理，风管应平直；

②不同管径风管连接时应采用同心变径管连接，风管走向改变时不应采用 90° 直角弯头，宜采用 45° 弯头；

③柔性短管的安装应松紧适度，不应扭曲；

④可伸缩性金属或非金属软风管的长度不宜超过 2 m，且不应有死弯或塌凹；

⑤既有住宅的风管不应穿梁，过梁时可采用过梁器，新建建筑穿梁应预留孔洞；

⑥新建住宅的风管穿过室内墙时，墙上宜预留孔洞，孔径不应大于 100 mm。

（3）当安装风管时，不应悬空排管，风管支吊架的制作和安装应符合现行国家标准《通风与空调工程施工规范》（GB 50738—2011）[1] 的规定。

（4）风管的连接应符合下列规定：

①金属风管的连接可采用角钢法兰连接、插条连接或咬口连接，并应符合现行行业标准《通风管道技术规程》（JGJ/T 141—2017）[13] 的规定。

②硬聚氯乙烯圆形风管的连接可采用套管连接或承插连接。当直径不大于 200 mm 的圆形风管采用承插连接时，插口深度宜为 40～80 mm，粘接处应严密和牢固。当采用套管连接时，套管长度宜为 150～250 mm，其厚度不应小于风管壁厚。

③其他类型风管的连接应符合现行行业标准《通风管道技术规程》（JGJ/T 141—2017）[13] 的规定。

（5）地送风风管的安装应符合下列规定：

①风管连接宜采用承插连接，插口深度宜为 40～80 mm，粘接处应严密、牢固；

②风管方向改变时宜采用 45° 弯头。

（6）风管系统安装后应进行严密性检验，检验方法应符合现行国家标准《通风与空调工程施工质量验收规范》（GB 50243—2016）[1] 的规定，并应在合格后交付下道工序。

（7）风口与风管的连接应严密、牢固，边框与建筑饰面应贴实，表面应平整，不应变形，调节应灵活、可靠；条形风口安装的接缝处衔接应自然，不应有明显缝隙。

（8）室外风口安装时，风口与墙壁间的空隙应进行防水密封处理。

（9）同一厅室、房间内的风口安装应排列整齐。

（10）阀门安装的位置、高度、进出口方向应符合设计要求，连接应牢固、紧密。

（11）风阀应安装在便于操作及检修的部位，安装后的手动或电动操作装置应灵活、可靠。

3. 过滤设备安装

（1）独立的新风过滤设备单元应安装在通风器室外侧新风管道上，安装应平整、牢固，方向正确，与管道的连接应严密。

（2）通风器内的过滤设备应安装牢固、方向正确；过滤设备与通风器机体间应严密无穿透缝。

4. 监控系统施工

（1）传感器的安装应牢固、美观，不应破坏室内装饰布局的完整性。

（2）监控系统的导线穿管敷设应符合下列规定：

①导管直径应与所穿导线的截面、根数相适应，管内导线不应有接头。

②明配管应横平竖直、整齐美观；暗配管宜沿最近的路线敷设，宜减少弯曲；埋地管路不宜穿过设备基础。

10.3　系统调试与试运转

新风系统在投入使用前应进行调试，在调试前应编制调试和试运转方案。系统运行前应在室外新风入口和室内排风口处设置临时用过滤器对系统进行保护。调试和试运转结束后，应提供完整的调试和试运转资料及报告。

调试分为两部分，分别是设备试运转和调试、系统联合试运转和调试。

（1）设备试运转和调试应符合下列规定：

①通风器中的风机叶轮应旋转方向正确、运转平稳、无异常振动与声响，电机运行功率应符合设备技术文件的规定，正常运转时间不应少于 8 h；

②风量调节阀手动、电动操作应灵活、可靠；

③控制系统的检测元件和执行机构应能正常动作。

（2）系统联合试运转及调试应符合下列规定：

①系统总风量调试结果与设计风量允许偏差应为 −5% ～ +10%；

②系统运转时设备及部件的联动应符合设计要求，且动作应协调、正确，应无异常现象；

③系统调试后各风口的风量与设计风量允许偏差应为 ±15%；

④室内噪声应符合现行国家标准《民用建筑隔声设计规范》（GB 50118—2016）[5] 的相关规定。

10.3.1　净化效果测试

为了检验新风系统安装后各性能指标在实际工况下的衰减特性以及各参数之间的匹配状况，判断采用新风系统后室内空气质量的改善情况，需要对完成工程安装和调试后的新风系统的净化效果进行测评。

新风系统净化效果测评主要包括两个方面：①工程现场安装调试完成后对新风设备关键参数指标的检测；②运行工况下效果评估。

1. 现场参数指标的测试

工程现场需要测试的参数包括新风机送风过滤效率（进风口和送风口浓度差与送风口浓度比值的百分数）、送风口风量、送风口余压。

1）测试方法

针对粉尘颗粒的检测方法有撞击式重量法、光散射法、压电晶体振荡法以及 β 射线法等。在工程测试领域，一般采用光散射法测得颗粒物浓度。

针对风量测试，一般采用截面风速法获得稳定流动情况下的风量值。在工程领域，一般在出流截面均匀布点，通过加权平均获得截面风速，或采用热球式风速仪获得截面的近似风速。

针对风压测试，采用微压差计获得出风口余压值，判断能否匹配管道的阻力损失和保证出口风速。

2）测试条件

在系统调试运行正常，且温湿度等参数达到设计要求后进行测试。对于工程现场的净化效果，需要在具有代表性或者相对严格的工况条件下进行测试，如检测颗粒物净化效果时，空气净化装置上游 $PM_{2.5}$ 浓度不应低于 200 $\mu g/m^3$。温湿度控制范围参考《室内空气质量标准》（GB/T 18883—2022）[14]，如表 10-2 所示。部分通风效果检验项目及限值要求应符合表 10-3 的规定。通风效果检验应采用连续监测或检测方法。

表 10-2　室内空气质量标准——温湿度范围

参数	标准值	备注
温度 /℃	22 ～ 28	夏季
	16 ～ 24	冬季
相对湿度 /（%）	40 ～ 80	夏季
	30 ～ 60	冬季

表 10-3　通风效果检验项目及限值要求

序号	检验项目	限值要求	备注
1	CO_2 浓度	0.1% 或设计值	—
2	$PM_{2.5}$ 浓度	75 $\mu g/m^3$ 或设计值	新风系统设计除 $PM_{2.5}$ 时检验

对新风系统的通风效果进行连续监测时应符合下列规定：

①连续监测时间不应少于 30 d，数据采集频率不应低于 6 次 /h。新风系统设计除 $PM_{2.5}$ 时，监测期间内室外 $PM_{2.5}$ 日平均浓度高于 75 $\mu g/m^3$ 的天数不应少于 5 d。

②监测期间室内的外门窗应关闭，室内人数应与设计一致并正常活动。

③每个房间设置 1 个监测点，监测点距离地面高度宜为 0.8 ~ 1.5 m，不应被墙面、家具等遮挡。

④取室外污染最严重 5 d 的室内 CO_2 浓度和 $PM_{2.5}$ 浓度平均值作为检验结果。

3）测试流程

①检查新风系统设备、管道及接头位置是否存在破损，密封连接是否良好。

②测试开始前外门窗关闭时间不应少于 24 h，新风系统运行时间应大于 24 h。测试期间外门窗应关闭，室内人数应与设计一致，并应正常活动。

③在新风机设备进口及送风口处（若存在多个送风口，可依次对风口浓度进行测试）布置好浓度参数测试仪器，并在送风口处设置风速仪及微压差计。

④测试采样时间不应少于 45 min，采集频率宜为 1 min，应取测试时间段的算术平均值作为测试结果。

⑤当测试结果不符合相关规范的规定时，应重新进行测试，测试时间不应少于 18 h。

⑥当重新测试仍不符合相关规范的规定时，应判定通风效果检验不合格。

⑦通风效果的检验应按每个建筑单体进行验收，每个建筑单体应按户检验，抽检户数不应低于每个建筑单体总住户的 5%，每个建筑单体不应少于 1 户。

4）仪器与设备

在现场测试过程中仪器性能要求如表 10-4 所示。

表 10-4　仪器性能要求

序号	仪器名称	备注
1	粉尘测试仪	量程范围应为 0.001 ~ 10 mg/m³，相对误差应在 ±10% 范围内
2	温湿度测试仪	温度检测仪表的最小刻度不宜高于 0.4 ℃，相对湿度检测仪表的最小刻度不宜高于 2%
3	风速仪	读数不应大于 0.1 m/s，测量方法：热电风速仪法 0.1 ~ 10 m/s，皮托管法 2 ~ 30 m/s
4	微压差计	分辨力小于 1 Pa，精确度不低于 2%

5）参数计算

新风机送风典型参数如 $PM_{2.5}$ 的净化效率 η 按式（10-4）进行计算：

$$\eta = \frac{C_1 - C_2}{C_1} \times 100 \tag{10-4}$$

式中：η——新风机送风 $PM_{2.5}$ 的净化效率，%；

C_1——新风机进口处 $PM_{2.5}$ 的平均质量浓度，$\mu g/m^3$；

C_2——送风主管内 $PM_{2.5}$ 的平均质量浓度，$\mu g/m^3$。

对于具有回风模拟（内循环）的新风机，式中 C_1 的计算可以采用式（10-5）：

$$C_1 = \frac{Q_X C_X + Q_R C_R}{Q_X + Q_R} \tag{10-5}$$

式中：Q_X——新风量，m^3/h；

Q_R——回风量，m^3/h；

C_X——新风管内 $PM_{2.5}$ 的平均质量浓度，$\mu g/m^3$；

C_R——回风主管内 $PM_{2.5}$ 的平均质量浓度，$\mu g/m^3$。

6）技术指标要求

实际测试结果中，新风机送风效率不应小于标称值的 90%；新风机总风量衰减不应小于标定风量的 95%；新风机出口余压加上管道系统的压力损失不应小于标称静压的 90%。

2．运行工况下效果评估

1）传感设备安装

为获得新风系统长期的使用效果数据，需要对使用新风系统的房间的污染物浓度进行持续监测与记录。可以采取现场安装精度高、稳定性好的在线式传感设备的方法实时监测新风机进出口处以及房间内的污染物浓度。通过长期的数据监测与记录，一方面可以评估设备安装后的运行效果，如在不同的天气条件、不同的室内工况下是否可以满足设计及运行要求；另一方面可以了解新风系统效果偏差情况并及时整改，如调试机组和更换滤料耗材等。

2）检测设备要求

对新风净化效果的检测宜采用可靠性好、体积小的检测设备。另外，结合工程实际，检测设备应具有以下特点：响应速度快，分辨率高，线性好，测量范围广；能够定期标定，具有较大存储空间（8 GB 以上的数据存储量），且数据可以存储并上传到网络终端，后台可直观动态显示各种检测数据、图形、仪器工作状态，提供全中文菜单和友好的人机对话界面，自动计算小时、日、周、月平均值，并生成相应的数据报表和数据曲线；供电方式采用机内锂电池供电或外接交流电供电，需保证电源断电后，设备内的电池可供仪器连续工作 8 小时以上。

3）检测点位布置

采用布点法检测室内不同位置的污染物浓度，判断新风系统对室内空气质量的改善程度。布点原则：选择检测点位时，抽检待测新风系统覆盖的代表性房间，并取各点检测结果的平均值作为该房间的检测值。每个检测点重复采样检测 5 次，每次采样 1 min，以 3 次的平均值作为该点浓度值，对于 3 次采样值偏差较大的情况（超过平均值 ± 采样值范围），应增加采样次数，减小采样误差。室内污染物浓度现场检测点应距内墙面不小于 0.5 m、距地面 0.8 ～ 1.5 m。检测点应均匀分布，避开通风道和通风口。不同房间检测点布置数量，按照《民用建筑工程室内环境污染控制标准》（GB 50325—2020）[15] 的规定，参考表 10-5 确定。

表 10-5　室内环境污染物浓度检测点数设置

房间使用面积 /m²	检测点数
＜ 50	1 个
≥ 50，＜ 100	2 个
≥ 100，＜ 500	不少于 3 个
≥ 500，＜ 1000	不少于 5 个
≥ 1000	≥ 1000 m² 的部分，每增加 1000 m² 增设 1 个，增加面积不足 1000 m² 时按增加 1000 m² 计算

4）检测结果统计处理

①传感器的数据需要实时传到网络终端，可以实时反馈现场的粉尘浓度，并根据室内外浓度的差异判断新风系统的净化效果。

设室内新风净化效果参数为 ε，则其表达式为：

$$\varepsilon = \varepsilon_0 \frac{C_{in}}{C_{out}}$$

（10-6）

式中：ε_0——自然状态下室内外温度比，即穿透效果；

C_{in}——开启新风机后室内 PM$_{2.5}$ 的平均质量浓度，$\mu g/m^3$；

C_{out}——室外 PM$_{2.5}$ 的平均质量浓度，$\mu g/m^3$。

对于多房间建筑 PM$_{2.5}$ 的总净化效果，先计算各房间的新风净化效果值，然后加权平均（室内体积加权），按式（10-7）计算总净化效果：

$$\varepsilon = \frac{\sum_i \varepsilon_i V_i}{\sum_i V_i} \times 100$$

（10-7）

式中：ε——新风系统对 PM$_{2.5}$ 的总净化效果（仅用于估算），%；

ε_i——第 i 个房间内 PM$_{2.5}$ 的净化效果，%；

V_i——第 i 个房间体积，m^3。

②当传感器的测试结果出现明显偏差或者异常时，需要维修或者更换新的传感器，所有传感器使用前需经过校准或标定，合格后方可使用。

③以下两种情况需要进行现场验收测试：设备更换功能性组件（如更换滤网）后；同一批次的传感器连续使用 6 个月时，测试新风系统性能的同时需要检验传感器的准确性。

3. 健康安全测试

许多随气流运动的有害物对人的健康有威胁。当蒸汽、煤气、随气流运动的颗粒物达到对居住人员有健康影响的浓度时，对健康有害的室内空气状况就出现了。

1）一氧化碳

无论选用哪种一氧化碳浓度测量方法，都应对建筑中多个区域进行周期性测量且应在建筑各个区域均匀布置测点，确保一氧化碳浓度在安全范围内。要特别注意室内有燃烧反应的地方。一氧化碳的室外来源主要有街道、停车场的汽车尾气和建筑排气口；室内来源则有炉子、热水器和人群吸烟等。实时测量一氧化碳的仪器包括室内空气质量监测仪和燃烧分析仪。

2）颗粒物

世界卫生组织（WHO）发布的《空气质量准则》指出，PM 的日均值浓度每升高 10 $\mu g/m^3$，死亡率增加约 0.5%；当 PM 浓度达到 150 $\mu g/m^3$ 时，预期死亡率会增加 5%。有研究表明，室内 PM$_{2.5}$ 的污染水平要远远高于室外。因此，监测和研究室内空气中颗粒物的来源、污染水平、化学的（无机物、有机物和金属元素）和生物的组成，以及颗粒物的个体接触水平和生物效应及其对人体健康的影响，并尽快制定相关室内接触限值是非常有必要的。

目前，颗粒物的监测方法主要有膜称重法、光散射法、压电晶体法、电荷法、β 射线吸收法、微量振荡天平法等，各种方法各有其优缺点。其中，膜称重法因原理简单、影响因素较少而成为常规方法，并且常常用来对其他监测方法的结果进行校正，但是膜称重法具有操作烦琐、仪器笨重、噪声大、采样时间长、无法实现实时监测等缺点，难以满足需要快速测定室内或公共场所的颗粒物浓度的要求。光散射法在一定程度上弥补了膜称重法的不足，通过测量散射光强度，经过转换求得颗粒物质量浓度。光散射法因操作简单、仪器容易携带，并且可实现实时监测而得到越来越广泛的应用。

3）气体污染物

大量煤气和颗粒物中的化学物质可能悬浮于空气中，对人体健康有潜在威胁。应该特别注意的气体污染物主要有挥发性有机物（VOC）等。挥发性有机物（VOC）是含有一个或多个碳原子的化合物，在室温下也很容易挥发。一些家庭中常用的物品和材料能释放出多种有机化合物，如建筑材料、清洁剂、溶剂、油漆、汽油等。可用于检测气体污染物的仪器有非分光红外（NDIR）气体感应器。该仪器被设计为检测工业环境中出现的可能影响空气质量的特殊气体（如来自燃烧反应、泄漏和其他情况）。紫外光离子化检测器和氢火焰离子化检测器常用来快速检测那些影响室内空气质量的挥发性有机物（VOC）。

绝大多数情况下，靠现场测试数据很难获得化学污染物在空气中的准确分布。通常是复杂的混合物而不是某一类化合物为检测工作带来挑战。因此，取样是一种很实用的做法，通常借助过滤、用另一种材料吸收和压缩等方法实现。

4）空气微生物

有些空气微生物挟带有很危险的毒素，极端情况下可引起一系列的健康问题，包括死亡。由空气微生物传播引起的疾病包括军团病、肺炎、肺结核、组织胞浆菌病、曲霉病、哮喘、癌症等。除了严重的疾病，有些空气微生物可能在一些人群中引起不同程度的不适，包括过敏症、头痛、眼部刺激、打喷嚏、疲劳、恶心、呼吸困难等。约有10%的人群对空气微生物中的一种或者多种过敏。由于与其他颗粒物共同作用，人们可能会忽视空气微生物的毒性。

空气微生物的检测方法包括空气采样方法和培养方法。空气采样可以通过空气采样器或生物气溶胶采样器进行，然后将采样得到的空气微生物在培养基上培养，以便观察和计数。培养方法是使用现代分子生物学技术，如聚合酶链反应（PCR）或测序技术，来检测和鉴定空气中微生物的种类和数量。

10.3.2 风速风量测试

将新风送入一个区域时会影响室内外空气的混合速度。这是由空气泄漏、自然通风或机械通风系统造成的。空气的交换对室内空气质量有很大的影响，可能会增大进入室内的污染物总量，或者起稀释作用，带走一定量室内产生的污染物。

空气中 CO_2 的含量可以很好地反映通风量是否适当。二氧化碳是呼吸、燃烧和其他一些过程中正常产生的。可以利用 CO_2 含量的变化来判断是否需要增加通风量。美国采暖、制冷与空调工程师学会 ASHRAE62 标准建议室内 CO_2 含量和室外相比不应超过 0.07%，室外 CO_2 含量一般为 0.03% 到 0.04%。

在不同的空间、送风区域中进行测量，尽量在不同的高度选取测点，还要注意到室、内外的过渡区域，确保建筑内通风良好。

1. 检测内容

可对机外余压、机组噪声和振动、机组输入功率、风机转速等进行检测；可对通风效率、换气次数等综合指标进行检测；可对风管漏风量进行检测。

2. 仪器设备

检测用仪器、仪表均应定期进行标定和校正，并应在标定证书有效期内使用。室内环境参数检测使用的主要仪器及其性能参数应符合表10-6的要求。

表10-6　主要仪器及其性能参数

序号	测量参数	检测仪器	参考精度
1	空气温度/℃	各类温度计（仪）	不低于0.5级；换热设备进出口温度不低于0.2级
2	辐射温度/℃	多功能辐射热计	不低于5级
3	相对湿度/（%）	各类相对湿度仪	不低于5级
4	CO/（%）	各种CO检测仪	不低于5级
5	CO_2/（%）	各种CO_2检测仪	不低于5级
6	噪声/[dB(A)]	普通声级计或精密声级计	不低于2级
7	照度/lx	照度仪	不低于2级
8	风速/（m/s）	热线风速仪和热球式电风速仪	不低于5级

3. 检测步骤

检测应按以下步骤进行：

①编写检测方案，做好检测准备工作；

②现场检测；

③对检测数据进行处理，并进行分析计算；

④编写检测报告。

4. 检测方法

1）室内环境参数

①室内干球温度、湿球温度、相对湿度和气流速度的测点布置应符合以下要求：

a. 对于舒适性空调房间，室内面积不足16 m^2，测量中央1点；16 m^2及以上但不足30 m^2测2点（居室对角线三等分，其2个等分点作为测点）；30 m^2及以上但不足60 m^2测3点（居室对角线四等分，其3个等分点作为测点）；60 m^2及以上但不足100 m^2测5点（两对角线上呈梅花式设点）；100 m^2及以上每增加20～50 m^2酌情增加1～2个测点（均匀布置）。测点应离开外墙表面和热源不小于0.5 m，离地面高度0.8～1.6 m。

b. 恒温恒湿空调房间和恒温洁净室测点布置在工作区高度以下，距墙内表面0.5～0.7 m，离地面0.3 m，划分若干横向和竖向测量断面，形成交叉网格，每一交叉点为测点；一般测点水平间距为 1 ～ 3 m，竖向间距为 0.5 ～ 1.0 m。根据精度要求决定疏密程度；测点不应少于 5 个；在对温湿度波动敏感的局部区域，可适当增加测点。

②室内 CO_2 浓度测点布置应符合以下要求：

a.当房间面积不足 50 m² 时，测量室中央 1 点；50 m² 及以上但不足 100 m² 时，设 2 个测点；100 m² 及以上时，设 3 ～ 5 个检测点。测点应在房间对角线上或呈梅花式均匀分布。

b.测点离地高度应在 0.8 ～ 1.5 m 范围内。

c.CO_2 检测时，探头应距离室内人员 0.5 m 以上。

③室内噪声测点布置应符合以下要求：

a.当房间面积不足 100 m² 时，在室中央测 1 点；面积 100 m² 及以上，从声源（或一侧墙壁）中心划一直线至对侧墙壁中心，在此直线上取均匀分布的 3 个点为测点。

b.测点离地面高 1.2 m，距离操作者不小于 0.5 m，距墙面和其他主要反射面不小于 1 m。

c.噪声检测时声级计或传声器可以手持，也可以固定在三脚架上，使传声器指向被测声源。

④静压差的检测应符合以下要求：

a.检测仪器可采用微压仪。

b.应在空调系统及排风系统的风量达到要求，室内气压稳定时测量。检测时所有的门均关闭。

2）风系统参数

风系统参数检测使用的主要仪器及其性能参数应符合表 10-7 的要求。

表 10-7　风系统参数检测主要仪器及其性能参数

序号	测量参数	检测仪器	参考精度（级）
1	风速 /（m/s）	风量罩 / 风速仪	不低于 5 级
2	静压、动压 /Pa	皮托管和微压显示计	不低于 1 级
3	漏风量 /［m³/(h·m²)］	风管和漏风量检测仪	不低于 5 级

风管断面上的空气流速很少是均匀分布的。风管的弯头、分支和摩擦力都会影响空气的流动。一般说来，空气在风管壁附近和角落处流动较慢，在管中心流动较快。空气平均流速可由对数分割法确定，这是一种通过摩擦来求速度损失的方法，取圆形风管和矩形风管计算后的平均值。

管内法风速测点布置与要求如下：

①对于矩形风管，可将风管断面划分成若干个等面积的矩形小区域，每个小区域的边长为 200 ～ 250 mm，测点布置在每个小区域的中心（见图 10-1）；对于短边在 250 mm 及以下的矩形风管，中间增加 2 个点。

②对于圆形风管，将风管断面按等面积分环，直径每 200 ～ 300 mm 增加 1 个圆环，十字布点（中心点重复），如图 10-2 所示。对于直径为 200 mm 及以下的圆形风管，至少分 2 个圆环，纵横各 3 点布置，中心点重复，共计 5 点。

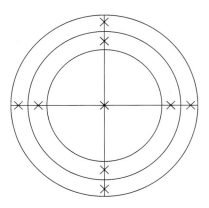

图 10-1　矩形风管测点布置示意图　　　　图 10-2　圆形风管测点布置示意图

3）风量检测

风量检测可根据风口和仪器的不同采用不同的方法。

风量检测可采用风口风量或管内风量的检测方法。风口风量采用风口风量罩法或风口风速法进行检测。

对于散流器式风口，宜采用风口风量罩法测量，直接在送风口通过风量罩测得风量；对于条缝形风口或格栅式风口，宜采用风口风速法测量，即用风速仪在风口测得多点风速并取平均风速，量取风口有效送风面积，再经计算得出实际风量。

对于非单向流洁净室，宜采用风口风速法或风口风量罩法确定送风量；对于单向流洁净室，采用截面平均风速和截面积乘积的方法确定送风量，宜取离高效过滤器 0.3 m，垂直于气流的截面作为采样测试截面，截面上测点间距不宜大于 0.6 m，测点数不少于 5 个，以所有测点风速的算术平均值作为平均风速。

对于管内风量测量，测量截面应选择在气流较均匀的直管段上，并距上游局部阻力管件 4 倍管径以上，距下游局部阻力管件 1.5 倍管径以上。

10.4　竣工验收

（1）新风系统工程竣工验收合格后应办理竣工验收手续。竣工验收报告单应符合《住宅新风系统技术标准》（JGJ/T 440—2018）[2] 附录 B 第 B.0.5 条的规定。

（2）竣工验收资料应包括下列内容：

①图纸会审记录、设计变更通知书和竣工图；

②主要材料、设备、成品、半成品和仪表的出厂合格证明及进场检（试）验报告；

③隐蔽工程检查验收记录；

④工程设备、风管系统安装及检验记录；

⑤设备单机试运转记录；

⑥系统平衡调试记录；

⑦观感质量检查记录；

⑧通风效果检验报告。

（3）观感质量检查应符合下列规定：

①风管表面应平整、无损坏；接管应合理，风管的连接以及风管与设备或调节装置的连接应无明显缺陷。

②风口应表面平整，颜色一致，安装位置正确，风口可调节部件应能正常动作。

③各类调节装置的制作和安装应正确、牢固，调节灵活，操作方便。

④风管及部件的支吊架形式、位置及间距应符合现行国家标准《通风与空调工程施工规范》（GB 50738—2011）的规定。

⑤风管的软性接管位置应符合设计要求，接管应正确、牢固，自然无强扭。

⑥通风器的安装应正确、牢固。

⑦保温层的材质、厚度应符合设计要求，表面应平整、无断裂和脱落。

参考文献

[1] 中华人民共和国住房和城乡建设部. 通风与空调工程施工质量验收规范：GB 50243—2016[S]. 北京：中国计划出版社，2017.

[2] 中华人民共和国住房和城乡建设部. 住宅新风系统技术标准：JGJ/T 440—2018[S]. 北京：中国建筑工业出版社，2019.

[3] 住房和城乡建设部建筑环境与节能标准化委员会. 通风器：JG/T 391—2012[S]. 北京：中国标准出版社，2013.

[4] 全国家用电器标准化技术委员会. 家用和类似用途电器的安全 第1部分：通用要求：GB 4706.1—2005[S]. 北京：中国标准出版社，2006.

[5] 中华人民共和国住房和城乡建设部. 民用建筑隔声设计规范：GB 50118—2010[S]. 北京：中国建筑工业出版社，2011.

[6] 全国暖通空调及净化设备标准化技术委员会. 热回收新风机组：GB/T 21087—2020[S]. 北京：中国标准出版社，2020.

[7] 全国暖通空调及净化设备标准化技术委员会. 空气过滤器：GB/T 14295—2019[S]. 北京：中国标准出版社，2019.

[8] 全国暖通空调及净化设备标准化技术委员会. 高效空气过滤器：GB/T 13554—2020[S]. 北京：中国标准出版社，2020.

[9] 全国消防标准化技术委员会防火材料分技术委员会. 建筑材料及制品燃烧性能分级：GB 8624—2012[S]. 北京：中国标准出版社，2013.

[10] 住房和城乡建设部建筑环境与节能标准化技术委员会. 非金属及复合风管：JG/T 258—2018[S]. 北京：中国标准出版社，2019.

[11] 住房和城乡建设部标准定额研究所. 通风空调风口：JG/T 14—2010[S]. 北京：中国标准出版社，2011.

[12] 中国建筑科学研究院．混凝土结构后锚固技术规程:JGJ 145—2013[S]．北京：中国建筑工业出版社，2013．

[13] 中华人民共和国住房和城乡建设部．通风管道技术规程:JGJ/T 141—2017[S]．北京：中国建筑工业出版社，2017．

[14] 中华人民共和国国家卫生健康委员会．室内空气质量标准:GB/T 18883—2022[S]．北京：中国标准出版社，2023．

[15] 中华人民共和国住房和城乡建设部．民用建筑工程室内环境污染控制标准：GB 50325—2020[S]．北京：中国计划出版社，2020．

附录 A

产品列表

A.1 管道式单向正压型

A.1.1 布朗新风产品

布朗新风产品由布朗（上海）环境技术有限公司研发。这里主要介绍布朗新风过滤系统智慧 BHS 系列、布朗新风过滤系统 BZ 系列及布朗原装新风除湿机。

1）布朗新风过滤系统智慧 BHS 系列

布朗新风过滤系统智慧 BHS 系列产品包含四个型号，产品实物如图 A-1 所示，可安装于住宅吊顶内。该系列产品内置风机与过滤器，外部设有新风进口、出风口与回风口口三个风口。工作时，风机引入室外新风，使其流入内置过滤网，以降低室外新风的 $PM_{2.5}$、TVOC 与 CO_2 含量，再配合室内合理管道布局，将过滤后的新鲜空气送至全屋各个角落，营造室内微正压环境，将室内污浊空气通过门窗缝隙排出，同时阻挡未净化的空气进入室内，保证室内空气洁净。该系列产品未推荐开启室内回风，只使用单向正压送风模式，进一步考虑其无机械排风，属于单向正压送风类产品，各型号产品参数如表 A-1 所示。该系列产品风量在 156 ～ 425 m³/h 范围内，适用于住宅、别墅、会议室、办公室等场景。此外，该系列产品内置三层过滤层，包含预过滤网、活性炭过滤网、H13 级 HEPA高效过滤网，其中 H13 级 HEPA 高效过滤网可阻挡微米级颗粒物。

图 A-1 布朗新风过滤系统智慧 BHS 系列实物图

表 A-1 布朗新风过滤系统智慧 BHS 系列产品参数

型号	BHS0.7	BHS1.0	BHS1.5	BHS2.0
电源	220 V/50 Hz			
功率 / W	80	137	169	188
风量 /（m³/h）	156	253	326	425
接管尺寸 /mm	ϕ110、ϕ160			
外形尺寸 /（mm×mm×mm）	790×399×290			
重量 /kg	15.8	17.3	17.4	17.5

注：以上为实验数据，实际使用情况取决于使用环境与设备安装情况。

2）布朗新风过滤系统 BZ 系列

布朗新风过滤系统 BZ 系列产品包含两个型号，产品实物如图 A-2 所示，可安装于住宅吊顶内。该系列产品内置风机与过滤器，外部设有新风进口、出风口与室内回风口三个风口。工作时，风机通过新风进口引入室外新风，同时通过室内回风口吸入室内污浊空气，吸入的新风与回风混合后流入内置过滤网，经过滤网净化后，混合空气通过室内送风管进入全屋各个角落，营造室内微正压环境，将室内污浊空气通过门窗缝隙排出，同时阻挡未净化的空气进入室内，保证室内空气洁净。该产品无机械排风，属于单向正压送风类产品。该系列产品具体参数见表 A-2，风机设高、低两挡，风量在 150 ～ 310 m³/h，适用于住宅、别墅、会议室、办公室等场景。此外，该系列产品内置双层过滤层，包括可水洗金属滤网与 H13 级 HEPA 滤网，可阻挡微米级颗粒物。

图 A-2　布朗新风过滤系统 BZ 系列实物图

表 A-2　布朗新风过滤系统 BZ 系列产品参数

型号	BZ180		BZ310	
电源	220 V/50 Hz			
运行模式	高速	低速	高速	低速
风量 /（m³/h）	180	150	310	200
功率 / W	50	46	60	50
净化效率	PM₂.₅ 净化效率达 95%			
尺寸	750 mm×410 mm×203 mm			
重量	7 kg			

注：净化效率 95% 为国家空调设备质量监督检验中心提供的监测数据。

3）布朗原装新风除湿机

布朗原装新风除湿机包含 BDH-98 与 BDH-70 两个型号，产品实物如图 A-3 所示，两个型号产品均可安装于住宅吊顶内。BDH-98 外部设有三个风口，包含引进室外新风的进风口、给室内送风的出风口与室内回风口，内部设有风机、过滤器与冷却盘管。该产品具备空气冷却除湿与过滤功能，在室外新风进风口引进室外新风的同时，室内回风口可吸入室内潮湿空气，新风与回风经新风机冷却除湿及过滤后，由室内送风管及送风口送入室内各区域。该系列产品具体参数见表 A-3，运行时，风机设高、低两挡，风量在 201 ～ 544 m³/h。该系列产品最大的特点为其冷却除湿功能，BDH-98 最大除湿量可达 46.35 L/d。除此之外，空气过滤器采用美国原装进口 MERV11 过滤器，可捕集 1.0 微米级颗粒物。

(a) BDH-98

(b) BDH-70

图 A-3　布朗原装新风除湿机实物图

表 A-3　布朗原装新风除湿机产品参数

机器型号		BDH-98	BDH-70
电源		110 V/60 Hz（配变压器，转为 220 V）	
风量 /（m³/h）	0 Pa	554	254
	100 Pa	365	201
推荐使用面积 /m²		240	160
功率 / W		670	580
电流 /A		5.9	5.1
除湿量（26.6 ℃，60%）/（L/d）		56.35	33.11
接口尺寸 /mm		ϕ160、ϕ254	ϕ203
冷凝水管接口 /mm		DN 20	
工作温度 /℃	最高	38	
	最低	9.5	13
外形尺寸 /（mm×mm×mm）		822×368×495	711×305×305
重量 /kg		36.7	24.9

A.1.2　森德新风产品

森德新风产品由森德（中国）暖通设备有限公司研发。这里主要介绍森德康舒清新正压除霾新风机 CF2-F 系列与森德康舒清新正压除霾新风机 CF-F-C 系列。

1）森德康舒清新正压除霾新风机 CF2-F 系列

CF2-F 系列包含 CF2-F200 与 CF2-F300 两个型号，产品实物如图 A-4 所示。两个型号产品均可安装于住宅吊顶内。该系列产品外部设有新风进口与新风出口两个风口，内部设有风机与过滤器。该系列产品具体参数见表 A-4，运行时，风机设高、中、低速三挡，风量在 80 ～ 250 m³/h，适用于住宅、别墅、会议室、办公室等场景。该系列产品最大的特点为其组合过滤器的二重过滤吸附功能，能够解决大气雾霾问题。

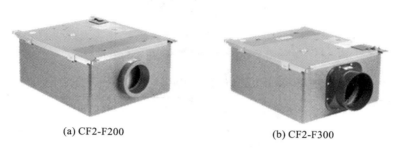

(a) CF2-F200　　　　　　　　(b) CF2-F300

图 A-4　森德康舒清新正压除霾新风机 CF2-F 系列实物图

表 A-4　森德康舒清新正压除霾新风机 CF2-F 系列产品参数

型号	运行状态	电压/ V	额定功率 / W	额定电流 /A	风量/ (m³/h)	静压/Pa	噪声/[dB(A)]	PM₂.₅过滤效率	重量/kg	安装风管进 / 出风口尺寸	外形尺寸（长 × 宽 × 厚）/（mm×mm×mm）
CF2-F200	高速	220	81	0.37	200	70	42	≥ 98%	5	φ110	451×416×219
	中速	220	68	0.3	150	80	36.9	≥ 98%			
	低速	220	60	0.28	80	80	31.5	≥ 98%			
CF2-F300	高速	220	92	0.42	250	75	51	≥ 98%	5	φ160	451×416×219
	中速	220	81	0.4	200	60	43	≥ 98%			
	低速	220	53.5	0.26	120	45	32	≥ 98%			

2）森德康舒清新正压除霾新风机 CF-F-C 系列

CF-F-C 系列包含 CF-F20C20-2019 与 CF-F30C30-2019 两个型号，产品实物如图 A-5 所示，两个型号产品均可安装于住宅吊顶内。该系列产品外部设有三个风口，包含新风进口、回风口与出风口，内部设有风机与过滤器。工作时，通过风阀控制可以实现新风、循环风与混风功能。

当新风风阀全开、回风风阀关闭时，为纯新风模式。当新风风阀完全关闭、回风风阀全开时，为室内循环净化模式，风机通过回风口吸入室内污浊空气，室内空气进入过滤器净化后，通过新风机出风口经室内送风管道与送风口进入室内各区域。该模式在室外遭遇严重雾霾、沙尘污染或异味入侵时，可拦截室外污染。当回风风阀与新风风阀按比例打开时，为混风模式。该模式下，风机在通过新风进口引入室外新风的同时通过回风口吸入室内污浊空气，新风与回风混合经过滤器净化后，通过新风机出风口经室内送风管道与送风口进入室内各区域，该模式可以维持室内微正压环境。

该系列产品具体参数见表 A-5，运行时，风机设高、中、低速三挡，风量在 80 ～ 300 m³/h，适用于住宅、别墅、会议室、办公室等场景。该系列产品最大特点为其组合过滤器的二重过滤吸附功能与其三种工作模式，其中组合过滤器能够解决大气雾霾问题，三种工作模式的切换能够适应不同的室外环境条件与室内环境要求。

图 A-5　森德康舒清新正压除霾新风机 CF-F-C 系列实物图

表 A-5　森德康舒清新正压除霾新风机 CF-F-C 系列产品参数

型号	运行状态	电压/V	额定功率/W	额定电流/A	风量/（m³/h）	静压/Pa	噪声/[dB(A)]	PM₂.₅过滤效率	重量/kg
CF-F20C20-2019	高速	220	81.2	0.47	200	150	43.2	≥98%	7.5
	中速	220	64.3	0.28	150	150	36.9	≥98%	
	低速	220	47.7	0.23	80	45	24	≥98%	
CF-F30C30-2019	高速	220	105.7	0.59	300	85	45.6	≥98%	7.5
	中速	220	81.9	0.47	200	120	43	≥98%	
	低速	220	64.5	0.28	100	130	31.5	≥98%	

A.1.3　普瑞泰新风产品

普瑞泰新风产品由浙江普瑞泰环境设备股份有限公司研发。这里主要介绍德普莱太家装泉韵系列与德普莱太工装系统新风除湿机。

1）德普莱太家装泉韵系列

该系列包含 DXF-30C001、DXF-50C001 与 DXF-80C001 三个型号，实物如图 A-6 所示。三个型号产品均可安装于住宅吊顶内。该系列产品外部设有新风进口、回风口与送风口，内部设有风机与冷凝除湿模块。工作时，风机通过新风进口引入室外新风，同时通过回风口吸入室内潮湿空气，新风与回风混合后流入内置冷凝除湿模块，经降温除湿后的混合空气通过室内送风管道与送风口进入全屋各个区域，营造室内微正压环境，将室内污浊空气通过门窗缝隙排出，同时阻挡未净化的空气进入室内，保证室内空气洁净。该系列产品具体参数见表 A-6。该系列产品运行时风机风量在 300 ~ 800 m³/h，适用于住宅、别墅、会议室、办公室等场景。该系列产品最大特点为其模块化检修功能与除湿功能：可以将除湿模块与风机模块单独从机体内抽出；能够干燥空气，保证室内舒适的湿度。

图 A-6　德普莱太家装泉韵系列实物图

表 A-6　德普莱太家装泉韵系列产品参数

型号	DXF-30C001	DXF-50C001	DXF-80C001
功率 / W	380	610	980
风量 / (m³/h)	300	450	800
除湿量 / (L/d)	20	45	80
静压 /Pa	80	100	100
可引入新风量 / (m³/h)	0 ～ 100	0 ～ 130	0 ～ 250
噪声 /[dB (A)]	42	43	48
重量 /kg	32	40	54
适用面积 /m²	30 ～ 60	60 ～ 100	100 ～ 180
排水	强排水	强排水	强排水
尺寸 / (mm×mm×mm)	910×426×276	968×569×276	1048×525×409
新风口尺寸 /mm	ϕ100	ϕ100	ϕ150
回风口尺寸 /mm	ϕ150	ϕ200	ϕ250
送风口尺寸 /mm	ϕ150	ϕ150	ϕ250

2）德普莱太工装系统新风除湿机

　　该系列包含八个型号，产品实物如图 A-7 所示。该系列产品外部设有新风进口、回风口与送风口，内部设有风机与冷凝除湿模块。工作时，风机通过新风进口引入室外新风，同时通过回风口吸入室内潮湿空气，新风与回风混合后流入内置冷凝除湿模块，经降温除湿后的混合空气通过室内送风管道与送风口进入全屋各个区域。具体产品参数见表 A-7。该系列产品运行时风机风量在 200 ～ 3000 m³/h，适用于别墅、地下室、度假村、博物馆及其他需要保持一定的干燥度的场合。

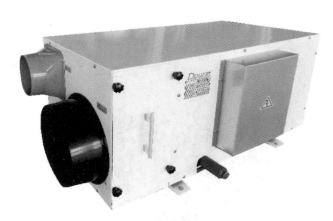

图 A-7　德普莱太工装系统新风除湿机实物图

表 A-7　德普莱太工装系统新风除湿机产品参数

型号	电源	风量 / (m³/h)	功率 / W	除湿量 / (L/d)	静压 / Pa	可引入新风量 / (m³/h)	噪声 / [dB(A)]	推荐使用面积（层高 2.8 m）/m²	重量 /kg	d_1/mm	d_2/mm	d_3/mm
DXF-20	220 V/50 Hz	200	265	14	40	0～70	40	15～35	22	110	75	100
DXF-30	220 V/50 Hz	300	380	21	50	0～100	43	30～60	30	150	100	150
DXF-40	220 V/50 Hz	400	515	35	80	0～120	43	45～80	35	150	100	150
DXF-50B	220 V/50 Hz	500	600	42	50	0～150	45	60～100	40	150	100	200
DXF-50/E	220 V/50 Hz	500	780	60	80	0～180	46	80～140	51	150	150	200
DXF-80/E	220 V/50 Hz	800	980	80	100	0～250	48	100～180	54	250	150	250
DXF-150	220 V/50 Hz	1500	2500	200	200	0～500	56	300～500	80	310	200	310
DXF-300	380 V/50 Hz	3000	6000	410	250	0～100	60	600～1000	150	360×310	250	360×310

A.2　管道式单向负压型

这里主要介绍松下静音型排风机与松下薄型排风机两款产品，产品均由松下电器（中国）有限公司研发。

1）松下静音型排风机

该系列包含六个型号，产品外形如图 A-8 所示，可安装于住宅吊顶内。产品内置风机，外部设有室内进风口与室外排风口。工作时，风机通过室内风管与室内分布的排气口吸入室内污浊空气并排出室外，此时在室内形成几个有效的负压区，室内空气持续不断地向负压区流动并排出室外，室外新鲜空气由安装在墙体上或窗框上方（一般为窗框与墙体之间）的进风口不断地向室内补充，从而室内人员能一直呼吸到室外新鲜空气。该系列产品最主要的特点是改变机身内部吸音材料形状，采用多条风路进气设计平稳引入气流，有效降低消音箱内气流噪声。产品具体型号与参数见表 A-8，风机运行设置有强、弱速两挡，风量在 66～780 m³/h，适用于住宅、别墅、办公室、会议室等场景。

图 A-8　松下静音型排风机实物图

表 A-8 松下静音型排风机产品参数

型号		FV-12NL3C	FV-12NS3C	FV-15NS3C	FV-18NS3C	FV-18NF3C	FV-20NS3C
电源		220 V/50 Hz	220 V/50 Hz	220 V/50 Hz	220 V/50 Hz	220 V/50 Hz	220 V/50 Hz
能效等级		2 级	3 级	3 级	3 级	2 级	2 级
能效值		0.1	0.11	0.11	0.11	0.09	0.09
功率 / W	强	9	18	36	60	91	120
	弱	7.5	17	32	55	80	113
风量 / (m³/h)	强	84	156	312	426	654	780
	弱	66	120	258	342	528	612
噪声 / [dB(A)]	强	18	21	27	29	31	32
	弱	16	17	24	27	29	29
最大静压 /Pa	强	80	115	132	180	205	295
	弱	50	100	120	170	190	250
电流 /A	强	0.05	0.09	0.17	0.28	0.44	0.57
	弱	0.04	0.08	0.14	0.25	0.37	0.53
净重 /kg		5.3	5.5	6.5	8.5	10	14
安装尺寸 / (mm×mm)		250×335	250×335	250×346	276×382	336×441	376×485

2）松下薄型排风机

该系列包含四个型号，产品外形如图 A-9 所示，可安装于住宅吊顶内。产品外部设有室内进风口与室外排风口，内部设有风机。该产品最主要的特点是薄型化设计，体积更小，施工简易，节省安装空间。具体产品参数见表 A-9，风机运行时设有强、弱两挡，风量在 2.4 ～ 10.1 m³/h，适用于住宅、别墅、办公室、会议室等场景。

图 A-9 松下薄型排风机实物图

表 A-9 松下薄型排风机产品参数

型号	FV-02NU1C		FV-04NU1C		FV-05NU1C		FV-07NU1C	
强弱模式	强挡	弱挡	强挡	弱挡	强挡	弱挡	强挡	弱挡
风量 / (m³/h)	3.0	2.4	4.9	3.9	6.9	5.2	10.1	7.2
静压 /Pa	160	130	223	200	237	213	290	265

型号	FV-02NU1C		FV-04NU1C		FV-05NU1C		FV-07NU1C	
噪声 / [dB(A)]	24	21	31	25	34	28	37	31
功率 / W	27	24	49	41	66	65	118	108
电流 /A	0.12	0.11	0.23	0.21	0.31	0.28	0.49	0.48
净重 /kg	3.8		4.4		6.4		8.3	
电源	单相 220 V、50 Hz							
能效等级	3 级		3 级		3 级		2 级	
能效值	0.11		0.11		0.11		0.11	

A.3 管道式双向无热回收型

A.3.1 普瑞泰新风产品

这里主要介绍德普莱太双向流新风机。

德普莱太双向流新风机包含 13 个型号，产品外形如图 A-10 所示，可安装于住宅吊顶内。该系列产品内置风机与过滤器，不含热交换器，外部设有 4 个风口，包含新风进口、送风口、回风口与排风口。工作时，室内污浊空气被吸入新风机，直接排至室外，室外新风经室外进风口进入新风机，经过滤网净化后送入室内，对室内空气进行置换，保持室内空气的洁净。产品型号及参数见表 A-10，风机风量在 180～1900 m³/min，适用于住宅、别墅、办公室、会议室、学校等场景。

图 A-10　德普莱太双向流新风机实物图

表 A-10　德普莱太双向流新风机产品参数

型号	电压 / V	额定功率 / W	风量 / (m³/h)	最大静压 /Pa	噪声 / [d (BA)]	重量 /kg	包装尺寸 / (mm×mm×mm)
ST-18	220	38	180	90	26	10	570×535×240
ST-37	220	76	370	110	26	11.8	645×585×310
ST-50	220	120	500	180	28	18.5	725×695×350
ST-77	220	330	770	220	35	30	795×725×380
ST-37/D	220	56	370	137	25	11.8	645×585×310

续表

型号	电压 / V	额定功率 / W	风量 / (m³/h)	最大静压 /Pa	噪声 / [d (BA)]	重量 /kg	包装尺寸 / (mm×mm×mm)
ST-50/D	220	90	500	180	26	18.5	725×695×350
ST-77/D	220	136	770	222	33	30	795×725×380
ST-92	220	350	920	340	36	34	1115×825×460
ST-120	220	360	1200	360	41	34	1115×825×460
ST-170	220	400	1700	420	43	40	—
ST-190	220	600	1900	620	46	42	—
ST-92/D	220	200	920	349	35	34	1115×825×460
ST-120/D	220	300	1200	368	39.5	34	1115×825×460

A.3.2 爱迪士新风产品

爱迪士新风产品由爱迪士（上海）室内空气技术有限公司研发。这里主要介绍爱迪士 RM 平衡式高效除霾新风系统。

爱迪士 RM 平衡式高效除霾新风系统被设计为一送一排配合使用，原理图如图 A-11 所示。该系列产品共包含六个型号——三款送风机、三款排风机。其中送风机产品实物如图 A-12 所示，送风机与排风机可安装于住宅吊顶内。送风机产品内置过滤器与风机，外部设有两个风口，即新风进口与室内送风口；排风机内置风机，外设回风口与排风口。工作时，送风机通过室外新风进口引进新风，经过滤后由送风管道及送风口送入室内各个区域，排风机则由室内各个排风口吸入室内污浊空气，经排风管与排风机排至室外。产品具体参数见表 A-11、表 A-12，送风机风量在 150 ～ 415 m³/h，排风机风量在 140 ～ 380 m³/h，合理搭配能够维持室内微正压环境。该系统适用于全年温差较小的城市，能安装于住宅、别墅、学校等场所。

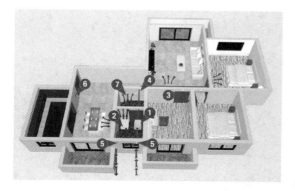

图 A-11 爱迪士 RM 平衡式高效除霾新风系统原理图

图 A-12 爱迪士 RM 平衡式高效除霾新风系统送风机实物图

表 A-11 爱迪士 RM 平衡式高效除霾新风系统产品参数表（送风机）

产品型号	RPM150	RPM200	RPM350
最大风量 / (m³/h)	200	265	415
额定风量 / (m³/h)	150	240	350
额定功率 / W	60	79	127
噪声 / [dB(A)]	31	32	34

产品型号	RPM150	RPM200	RPM350
外形尺寸 （长×宽×高）/ （mm×mm×mm）	692×450×270	692×450×270	692×450×270
适用面积 /m²	＜120	100～120	140～280
推荐建筑类型	新装修高层、别墅等		

表 A-12　爱迪士 RM 平衡式高效除霾新风系统产品参数表（排风机）

产品型号	MINI MALIN'O	MALIN'O	GRAND MALIN'O
最大风量 /（m³/h）	160	350	380
额定风量 /（m³/h）	140	220	320
额定功率 / W	44	73	105
噪声 / [dB(A)]	34	37	38
外形尺寸 （长×宽×高）/ （mm×mm×mm）	403×294×135	470×345×180	470×345×180
适用面积 /m²	＜120	100～120	140～280
推荐建筑类型	新装修高层、别墅等		

A.4　管道式双向带热回收型

A.4.1　松下新风产品

松下新风产品由松下电器（中国）有限公司研发。这里主要介绍松下新直流马达全热交换器与松下家用薄型全热交换器寒冷地系列。

1）松下新直流马达全热交换器

该系列包含六个型号，产品实物如图 A-13 所示，可安装于住宅吊顶内。产品内置过滤器、风机与全热交换器，外部设有四个风口，即新风进口、送风口、回风口与排风口。该系列产品有四种工作模式，即普通换气模式、内循环模式、热交换模式、混风模式，可通过智能控制面板调节。

普通换气模式下，室内污浊空气被吸入新风机，不经过热交换器，直接排至室外，室外新风经室外进风口进入新风机，经过滤网净化后直接送入室内，新风与排风完全隔开，并且可根据用户要求，实现室内正负压操作。

当室外遭遇严重雾霾、沙尘污染或异味入侵时，开启内循环模式，此时新风机不再引进室外空气，只通过室内排风管与排风口吸入室内污浊空气，污浊空气经过滤器净化后，再经室内送风管与送风口送入室内，此模式可以拦截外界污染，净化室内空气。

热交换模式下，新风机吸入室内污浊空气，进入全热交换器与引进的室外新风进行热湿交换，回收排风的冷量，热交换后的室内空气则直接排出室外。

混风模式下，新风机引入室外新风，与室内空气在机体内混合，进行热量交换，并将其净化后送入室内。

产品具体参数如表 A-13 所示，工作时风机设有强、弱两挡，风量在 110～350 m³/h，适用于住宅、别墅、会议室、办公室、学校等场景。

图 A-13　松下新直流马达全热交换器实物图

表 A-13　松下新直流马达全热交换器产品参数表

型号	电源	选挡	输入功率 / W	电流 /A	风量 / (m³/h)	机外静压 /Pa	温度交换效率 / (%)		焓交换效率 / (%)		噪声 / [dB(A)]	重量 / kg
							制冷时	制热时	制冷时	制热时		
热交换换气												
FY-15ZJD2C		强	80	0.7	150	100	60	80	68	74	30	40
FY-15ZJP2C		弱	40	0.4	110	55	73	85	77	80	26	
FY-25ZJD2C	220 V /50 Hz	强	120	0.9	250	125	62	79	62	69	34	46
FY-25ZJP2C		弱	60	0.6	180	70	69	79	67	77	28	
FY-35ZJD2C		强	180	1.2	350	150	63	78	61	69	37	54
FY-35ZJP2C		弱	80	0.7	250	70	67	80	70	76	31	
内循环换气												
FY-15ZJD2C		强	70	0.6	150	100	—	—	—	—	28	40
FY-15ZJP2C		弱	35	0.4	110	55	—	—	—	—	25	
FY-25ZJD2C	220 V /50 Hz	强	110	0.8	250	125	—	—	—	—	32	46
FY-25ZJP2C		弱	45	0.5	180	70	—	—	—	—	26	
FY-35ZJD2C		强	170	1.1	350	150	—	—	—	—	35	54
FY-35ZJP2C		弱	70	0.6	250	70	—	—	—	—	29	
普通换气												
FY-15ZJD2C		强	80	0.6	150	80	—	—	—	—	30	40
FY-15ZJP2C		弱	40	0.4	110	55	—	—	—	—	26	
FY-25ZJD2C	220 V /50 Hz	强	120	1.0	250	100	—	—	—	—	34	46
FY-25ZJP2C		弱	60	0.6	180	70	—	—	—	—	28	
FY-35ZJD2C		强	180	1.2	350	120	—	—	—	—	37	54
FY-35ZJP2C		弱	80	0.7	250	70	—	—	—	—	31	

续表

型号	电源	选挡	输入功率/W	电流/A	风量/（m³/h）	机外静压/Pa	温度交换效率/（%）		焓交换效率/（%）		噪声/[dB(A)]	重量/kg
							制冷时	制热时	制冷时	制热时		
混风换气												
FY-15ZJD2C		强	70	0.5	150	100	—	—	—	—	28	40
FY-15ZJP2C		弱	35	0.3	110	55	—	——	—	—	25	
FY-25ZJD2C	220 V/50 Hz	强	100	0.7	250	125	—	—	—	—	31	46
FY-25ZJP2C		弱	40	0.4	180	70	—	—	—	—	26	
FY-35ZJD2C		强	120	0.8	350	150	—	—	—	—	35	54
FY-35ZJP2C		弱	50	0.5	250	70	—	—	—	—	29	

注：1. 输入功率、电流和交换效率是在标准风量下测量的数值。

2. 铭牌标识的功率是静压为 0 Pa 时的最大值。

3. 噪声是在机组中央正下方 1.5 m 处测量的。该系列产品的噪声是在全消声噪声测试室中测量的。在实际条件下，由于环境影响，噪声值会大于所标的数值。

4. 以上数据依据 GB/T 21087 标准测试。

2）松下家用薄型全热交换器寒冷地系列

该系列包含三个型号，产品实物如图 A-14 所示，均可安装于住宅吊顶内。产品内置 PM$_{2.5}$ 标准过滤网、风机与全热交换器，外部设有四个风口，即新风进口、送风口、回风口与排风口。

该系列产品有热交换换气模式与内循环换气模式两种工作模式。热交换换气模式下，新风机吸入室内污浊空气，室内污浊空气进入全热交换器与引进的室外新风进行热湿交换，以回收排风的冷量，热交换后的室内空气则直接排出室外。经过热交换的室外新风经过送风口处 PM$_{2.5}$ 标准过滤网净化后，通过室内风管与送风口进入室内各个区域。

当室外遭遇严重雾霾、沙尘污染或异味入侵时，开启内循环换气模式，此时新风机不再引进室外空气，只通过室内排风管与排风口吸入室内污浊空气，经 PM$_{2.5}$ 标准过滤网净化后，再经室内送风管与送风口送入室内，此模式可以拦截外界污染，净化室内空气。

产品具体参数见表 A-14，风机运行时设有强、中、弱三挡，风量在 100 ～ 350 m³/h，适用于住宅、别墅、会议室、办公室、学校等场景。

图 A-14　松下家用薄型全热交换器寒冷地系列实物图

表 A-14　松下家用薄型全热交换器寒冷地系列产品参数

型号	电源	选挡	输入功率/W	电流/A	风量/(m³/h)	机外静压/Pa	温度交换效率/(%)		焓交换效率/(%)		噪声/[dB(A)]	重量/kg
							制冷时	制热时	制冷时	制热时		
热交换换气												
FY-15ZDP1CX	220 V /50 Hz	强	100	0.46	150	80	64	78	66	72	32	34
		中	92	0.42	125	70	66	79	70	74	29	
		弱	64	0.29	100	40	70	83	76	78	23	
FY-25ZDP1CX		强	162	0.74	250	110	62	77	60	67	36	39
		中	137	0.62	250	60	62	77	60	67	34	
		弱	86	0.39	130	50	65	80	70	75	25	
FY-35ZDP1CX		强	257	1.17	350	130	61	76	59	67	37	51
		中	198	0.90	290	80	62	77	60	68	34.5	
		弱	149	0.68	200	30	66	81	69	75	28	
内循环换气												
FY-15ZDP1CX	220 V /50 Hz	强	100	0.46	150	100	—	—	—	—	33	34
		中	94	0.43	125	90	—	—	—	—	30	
		弱	65	0.29	100	40	—	—	—	—	24	
FY-25ZDP1CX		强	162	0.74	250	12	—	—	—	—	37	39
		中	133	0.60	250	70	—	—	—	—	34	
		弱	86	0.39	150	50	—	—	—	—	26	
FY-35ZDP1CX		强	252	1.15	350	130	—	—	—	—	39	51
		中	190	0.86	290	80	—	—	—	—	36.5	
		弱	145	0.66	200	30	—	—	—	—	30	

注：1.输入功率、电流和交换效率是在标准风量下测量的数值。

2.铭牌标识的功率是静压为0 Pa时的最大值。

3.噪声是在机组中央正下方1.5 m处测量的。该系列产品的噪声是在全消声噪声测试室中测量的。在实际条件下，由于环境影响，噪声值会大于所标的数值。

4.以上数据依据GB/T 21087标准测试。

5.运行模式：热交换换气模式，可实行控制器的手动切换（-10～40 ℃）；内循环换气模式，可实行控制器的手动切换（-30～40 ℃）。

6.以上数据为在无SA过滤网的状态下测试的数值。

A.4.2　布朗新风产品

这里主要介绍布朗·赫马克HRV系列与布朗立式全热转轮新风机系列。

1）布朗·赫马克HRV系列

该系列包含四个型号，产品实物如图A-15所示，均可安装于住宅吊顶内。产品内置过滤器、风机与能源回收器，外部设有四个风口，即新风进口、送风口、回风口与排风口。该系列产品设有日常空气置换模式、内循环模式与自动旁通模式，可根据室外条件与室内状况利用控制面板调节。

日常空气置换模式下，室内污浊空气被吸入新风机，不经过热交换器，直接排至室外，室外新风经室外进风口进入新风机，经过滤网净化后直接送入室内，新风与排风完全隔开，并且可根据用户要求，实现室内正负压操作。

当室外遭遇严重雾霾、沙尘污染或异味入侵时，开启内循环模式，此时新风机不再引进室外空气，只通过室内排风管与排风口吸入室内污浊空气，污浊空气经过滤器净化后，再经室内送风管与送风口送入室内，此模式可以拦截外界污染，净化室内空气。

自动旁通模式可实现热交换或混风模式。热交换模式下，新风机吸入室内污浊空气，室内污浊空气进入全热交换器与引进的室外新风进行热湿交换，以回收排风的冷量或热量，热交换后的室内空气则直接排出室外。混风模式下，新风机引入室外新风，与室内空气在机体内混合，并将其净化后送入室内。

该系列产品考虑高湿度环境，设置冷却除湿功能，最大除湿量可达 0.46 kg/h，同时，当主机在低速运行状态下检测到室内空气湿度大于 80% 时，会自动加大室内排风量，从而提供舒适的湿度环境；配备 F6 级中效过滤器与 H13 级 HEPA 高效过滤网，可阻挡微米级颗粒物，对 $PM_{2.5}$ 过滤效率达 99% 以上。

产品具体参数见表 A-15，运行时风机设有高速与低速两挡，风量在 100～450 m^3/h，适用于住宅、别墅、会议室、办公室、学校等场景以及其他需要干燥环境的场所。

HRV150L/HRV250L

图 A-15 布朗·赫马克 HRV 系列实物图

表 A-15 布朗·赫马克 HRV 系列产品参数

型号	HRV150L		HRV250L		HRV350L		HRV450L	
电源	220 V/50 Hz							
挡位	高速	低速	高速	低速	高速	低速	高速	低速
风量 /（m^3/h）	150	100	250	150	350	250	450	350
输入功率 / W	95	85	155	125	237	208	308	250
最大静压值 /Pa	273	185	476	390	385	347	577	558
最高热交换效率（制热 / 制冷）/（%）	94/77		93/70		90/67		89/64	
长 × 宽 × 高 /（mm×mm×mm）	1110×716×237				1316×716×270			
风口尺寸 /mm	ϕ140				ϕ160			
重量 /kg	34			38		42		
过滤等级	H13							

注：以上为实验室测试数据，实际使用时取决于使用环境与设备安装情况。

2）布朗立式全热转轮新风机系列

该系列产品实物如图 A-16 所示，需安装于设备间。产品外部设有四个风口，即新风进口、送风口、回风口与排风口，内部设有过滤器、风机、转轮热交换模块。

该系列产品有五种工作模式，即空气置换模式、旁通模式、热交换模式、电辅热模式、防冻保护模式，系统可根据室外条件自动调节。

空气置换模式下，室内污浊空气被吸入新风机，不经过热交换器，直接排至室外，室外新风经室外进风口进入新风机，经过滤网净化后直接送入室内，新风与排风完全隔开，并且可根据用户要求，实现室内正负压操作。

当室外温度高于 19 ℃时，系统自动激活夏季工作模式，开启旁通模式或热交换模式。旁通模式下，新风机引入室外新风，与室内空气在机体内混合，进行热量交换，并将其净化后送入室内。热交换模式下，新风机吸入室内污浊空气，室内污浊空气进入全热交换器与引进的室外新风进行热湿交换，以回收排风的冷量，热交换后的室内空气则直接排出室外。

当室外温度低于 16 ℃时，系统自动激活冬季工作模式，即开启电辅热模式，将送风加热到设定温度后送入室内。

当室外温度低于 1 ℃时，系统自动激活防冻保护模式，降低风量，直至热交换模块温度升高。

产品具体参数见表 A-16，额定风量在 650～1000 m³/h，该系列产品风量大，且需要在设备间安装，适用于别墅、办公场所等大平层环境。

图 A-16　布朗立式全热转轮新风机实物图

表 A-16　布朗立式全热转轮新风机参数

型号	ERV600	ERV1000
电源	220 V/50 Hz	
额定风量 /（m³/h）	650	1000
机外余压 /Pa	160	160
输入功率 / W	490	780
输入功率（电辅热开启）/W	1300	1780
最高全热交换效率 /（%）	85	85
未接管道最高噪声 /[dB(A)]	65	65

续表

型号	ERV600	ERV1000
实际接管道最高噪声 /[dB(A)]	35	35
长 × 宽 × 高 / (mm×mm×mm)	862×603×743	974×762×935
风口尺寸 /mm	ϕ160	ϕ250
重量 /kg	112	175

A.4.3 远大新风产品

远大新风产品由远大科技集团研发。这里主要介绍远大中小型洁净新风机。

远大中小型洁净新风机包括 SG260 与 SG500 两款小型洁净新风机与 SF1000、SD1500、SD3000 三款中型洁净新风机，产品外形如图 A-17 所示，可于住宅吊顶内安装或壁挂安装。产品外部设有四个风口，即新风进口、送风口、回风口与排风口，内部设有过滤器、静电除尘器、送风机、排风机与空气热交换器。产品工作时，新风机吸入室内污浊空气，室内污浊空气进入全热交换器与引进的室外新风进行热湿交换，以回收排风的冷量，热交换后的室内空气直接排出室外，经热交换的新风则经过室内送风管与送风口进入室内各个区域，产品新风量大于排风量，可实现室内微正压环境。该系列产品最大特点为不混合回风，送入室内的空气全为新风，避免了回风交叉污染。此外，该系列产品 $PM_{2.5}$ 过滤效率达 99.9%，且具有静电灭菌功能。产品具体参数见表 A-17，运行时新风量在 260 ~ 3000 m^3/h，适用于住宅、别墅与办公场所等区域。

图 A-17　远大中小型洁净新风机实物图

表 A-17　远大中小型洁净新风机产品参数

产品	型号	新风量 / (m^3/h)	排风量 / (m^3/h)	余压 /Pa	噪声 /[dB(A)]	额定功率 / W	机重 /kg	长 × 宽 × 高 / (mm×mm×mm)	适用面积 /m^2
小型机(家用)	SG260	260	170	40	40	73	58	540×260×1350	80 ~ 120
	SG500	500	340	45	41	140	110	540×490×1350	120 ~ 200
中型机	SF1000	1000	800	70	45	500	190	800×520×1950	200 ~ 300
	SD1500	1500	1200	55	48	750	580	1160×870×2570	300 ~ 500
	SD3000	3000	2400	55	49	1500	760	1160×1470×2570	600 ~ 1000

A.4.4 霍尔新风产品

霍尔新风产品由深圳市霍尔新风科技有限公司研发。这里主要介绍霍尔一体式中央新风净化机。

霍尔一体式中央新风净化机包括六个型号，产品外形如图 A-18 所示，均可安装于住宅吊顶内。产品内置过滤器、风机与全热交换器，外部设有四个风口，即新风进口、送风口、回风口与排风口。

工作时处于热交换模式下，新风机吸入室内污浊空气，室内污浊空气进入全热交换器与引进的室外新风进行热湿交换，回收排风的冷／热量，热交换后的室内空气直接排出室外，室外新风则经过室内送风管与送风口进入室内，不与回风混合，风机送风量大于排风量，可营造室内正压环境，排出室内污染空气，保持室内空气洁净。

产品具体参数见表 A-18，该系列产品新风量在 250～500 m^3/h，适用于独立办公、经营场所和医院、学校、大型候车厅等区域。

图 A-18　霍尔一体式中央新风净化机实物图

表 A-18　霍尔一体式中央新风净化机产品参数

产品型号	H701/H701G	H702/H702G	H703/H703G
安装方式	吊顶式	吊顶式	吊顶式
新风量	250 m^3/h	350 m^3/h	500 m^3/h
排风量	150 m^3/h	200 m^3/h	300 m^3/h
净化级别	H13 级	H13 级	H13 级
净化效率	＞ 99.95%	＞ 99.95%	＞ 99.95%
制热焓交换效率	≥ 60%	≥ 60%	≥ 60%
制冷焓交换效率	≥ 55%	≥ 55%	≥ 55%
噪声值	≤ 44 dB	≤ 49 dB	≤ 48 dB
探测器	$PM_{2.5}$/温度／湿度	$PM_{2.5}$/温度／湿度	$PM_{2.5}$/温度／湿度
额定电压／频率	220 V/50 Hz	220 V/50 Hz	220 V/50 Hz
工作功率	70 W	105 W	160 W
控制方式	智能运行／触控按键	智能运行／触控按键	智能运行／触控按键
静压	≤ 130 Pa	≤ 170 Pa	≤ 150 Pa
适用空间	250 m^3	350 m^3	500 m^3

续表

产品型号	H701/H701G	H702/H702G	H703/H703G
重量	41 kg	49 kg	75 kg
外形尺寸 /（mm×mm×mm）	1156×690×250	1236×790×250	1295×986×350
法兰直径 /mm	146	146	142/172
开孔直径 /mm	160	160	160/180

A.5　普通单向正压型（无管道柜式）

A.5.1　普瑞泰新风产品

这里主要介绍德普莱太家装凌秀系列。

德普莱太家装凌秀系列产品外形如图 A-19 所示，呈圆柱形，直径 416 mm，高度在 928～1513 mm，可置于室内。该系列产品内置风机、高效过滤器与加热器，外部设有新风进口（背部）与室内送风口（顶部），安装时室内无须布管，新风进口由管道通至室外。工作时，风机开启，通过室外进风口引入室外新风，经过滤器净化与加热器加热后，直接由室内送风口进入室内，保持室内空气清洁。该系列包含四个型号，风量在 200～500 m³/h，适用于住宅、别墅等场景，产品具体参数见表 A-19。

图 A-19　德普莱太家装凌秀系列实物图

表 A-19　德普莱太家装凌秀系列产品参数

型号	JSFG-20Y	JSFG-30Y	JSFG-40Y	JSFG-50Y
功率 / W	33	50	65	82
风量 /（m³/h）	200	300	400	500
噪声 /[dB(A)]	42	43	45	46
重量 /kg	15	17	19	21
外形尺寸 /（mm×mm）	928×φ416	1123×φ416	1318×φ416	1513×φ416
适用面积 /m²	30～60	60～100	80～120	100～160

A.5.2 霍尔新风产品

霍尔新风产品由深圳市霍尔新风科技有限公司研发。这里主要介绍霍尔柜式正压新风净化机。

霍尔柜式正压新风净化机包括 H903、H7905、H906 三个型号，三个型号产品均可安装于室内。该系列产品内置风机、高效过滤器，外部设有新风进口（背部）与室内送风口（顶部），安装时室内无须布管，新风进口由管道通至室外。工作时，风机开启，通过室外进风口引入室外新风，经过滤器净化与加热器加热后，直接由室内送风口进入室内，保持室内空气微正压，工作原理如图 A-20 所示。产品具体参数见表 A-20。

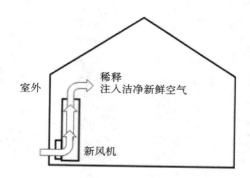

图 A-20 霍尔柜式正压新风净化机工作原理图

表 A-20 霍尔柜式正压新风净化机产品参数

产品型号	H903	H905	H906
安装方式	落地式	落地式	落地式
新风量	300 m³/h	500 m³/h	700 m³/h
净化级别	H13 级	H13 级	H13 级
净化效率	＞ 99.95%	＞ 99.95%	＞ 99.95%
噪声值	≤ 47 dB	≤ 50 dB	≤ 51 dB
探测器	PM$_{2.5}$/ 温度 / 湿度	PM$_{2.5}$/ 温度 / 湿度	PM$_{2.5}$/ 温度 / 湿度
额定电压 / 频率	220 V/50 Hz	220 V/50 Hz	220 V/50 Hz
工作功率	50 W	110 W	170 W
适用空间	150 m³	250 m³	350 m³
重量	40 kg	50 kg	70 kg
外形尺寸	1050 mm×430 mm×325 mm	1200 mm×500 mm×347 mm	1450 mm×550 mm×450 mm

A.6 普通双向热回收型（无管道柜式）

A.6.1 泽风新风产品

泽风新风产品由东莞市泽风净化设备有限公司研发。这里主要介绍泽风祥瑞 380 家用柜式新风机。

　　泽风祥瑞 380 家用柜式新风机产品实物见图 A-21。该产品内置风机、过滤器与热交换器，背面设有新风进口与排风口，左侧设有回风口，上部设有室内送风口。安装时室内无须布管，新风进口与排风口由管道通至室外，安装示意图见图 A-22。工作时，风机开启，新风机通过室内回风口吸入室内污浊空气，吸入的室内空气进入热交换器与引进的室外新风进行热交换，以回收排风的冷 / 热量，热交换后的室内空气则直接排出室外，而经过热交换的室外新风经过 $PM_{2.5}$ 过滤网净化后，直接由上部送风口送入室内，净化室内空气。该产品风量为 380 m³/h，适用于办公室、会议室、学校等场景。产品具体参数见表 A-21。

正面　　　　背面　　　　左侧　　　　右侧

图 A-21　泽风祥瑞 380 家用柜式新风机实物图

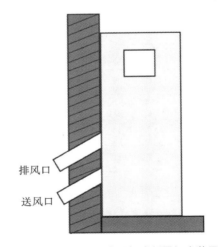

图 A-22　泽风祥瑞 380 家用柜式新风机安装示意图

表 A-21　泽风祥瑞 380 家用柜式新风机产品参数

产品名称	家用柜式新风机
品牌型号	祥瑞 380
风量	380 m³/h
热交换效率	84%
$PM_{2.5}$ 净化率	99%
送风方式	直出风

A.6.2　兰舍新风产品

兰舍新风产品由兰舍通风系统有限公司研发。这里主要介绍兰舍静雅系列 FA-V03 立柜式新风机与兰舍净心系列 FA1200-V 立柜式全热新风机（直吹式）。

1）兰舍静雅系列 FA-V03 立柜式新风机

兰舍静雅系列 FA-V03 立柜式新风机实物见图 A-23。该产品内置风机、三层过滤器、热交换器，背面设有新风进口与排风口，底部设有室内回风口，上部设有两个射流送风口。工作时，风机开启，新风机通过室外新风进口引入新风，经粗效过滤器、中效过滤器净化后进入热交换器与室内回风进行热交换，以回收排风的冷／热量，热交换后的新风经过高效过滤网过滤及辅助加热后直接送入室内，净化室内空气，而排风经热交换后直接排至室外。产品具体参数见表 A-22。该产品风量为 380 m³/h，可以自由调节送排风比例，能够满足 150 m² 以下的空气净化需求。

图 A-23　兰舍静雅系列 FA-V03 立柜式全热新风机实物图

表 A-22　兰舍静雅系列 FA-V03 立柜式全热新风机产品参数

型号	FA-V03
风量 /（m³/h）	380
PM$_{2.5}$ 净化率	97%
功率 / W	90
待机功率 / W	≤ 5
运行噪声 /[dB(A)]	35
外形尺寸 /（mm×mm×mm）	471×385×1420
适用环境	装修后
送风方式	前出风

2）兰舍净心系列 FA1200-V 立柜式全热新风机（直吹式）

兰舍净心系列 FA1200-V 立柜式全热新风机（直吹式）外观及尺寸见图 A-24。该产品内置风机、四重过滤器、全热交换器，背面设有新风进口与排风口，侧面设有室内回风口，顶部设有两个射流送风口。安装时室内无须布管，新风进口与排风口由管道通至室外。工作时，有外循环模式、内循环模式与混风模式三种工作模式，可根据室外温湿度自动调节循环模式。

外循环模式适用于室外环境温度在 $0 \sim 35$ ℃的情况。当室外温度舒适宜人时，风机通过新风进口引入室外新风，并经过过滤器净化后，持续向室内送风，形成微正压，排出室内污染空气，降低室内 CO_2 浓度。此时，无排风进行。

内循环模式适用于室外环境温度在 -15 ℃以下与 35 ℃以上的情况。在严寒、酷暑等极端条件下，阻隔室外过冷、过热空气，通过回风口吸入室内污浊空气，经过滤器净化送入室内，如此循环净化室内空气。此外，每小时会引入少量新风来保证室内含氧量。

混风模式适用于室外环境温度在 $-15 \sim 1$ ℃的情况。在寒冷的冬季，新风机通过智能风阀的开合，实现室内回风与室外新风的混合与热交换，回收排风热量，让进入室内的新风温暖舒适。

该产品具体参数见表 A-23，运行时风机设有 4 个挡位，风量在 $300 \sim 1200$ m^3/h，能够满足 600 m^2 大空间需求，适用于办公楼、学校、医院与超市等场景。此外，产品基于内部的粗、中、高效及光氢离子过滤网可达到 99% 以上的 $PM_{2.5}$ 过滤效率。

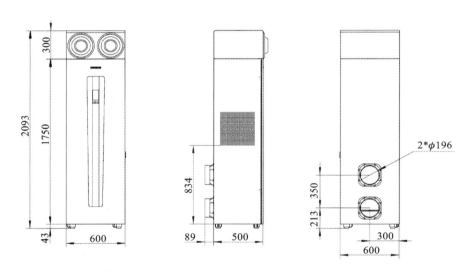

图 A-24　兰舍净心系列 FA1200-V 立柜式全热新风机（直吹式）外观及尺寸图

表 A-23　兰舍净心系列 FA1200-V 立柜式全热新风机（直吹式）产品参数

型号	挡位	新风量 / (m^3/h)	排风量 / (m^3/h)	额定功率 / W	噪声 /[dB(A)]	电源	适用面积 /m^2
FA1200-V	4	1200	850	737	63.1	220 V/50 Hz	600
	3	900	700	529	58.5		
	2	600	400	215	48.5		
	1	300	250	81	27.3		

A.6.3　霍尔新风产品

这里主要介绍霍尔 H601/H602 柜式新风净化机。

霍尔 H601/H602 柜式新风净化机产品外观见图 A-25。该系列产品内置风机、三层高效过滤器、全热交换器，背面设有新风进口与排风口，侧面设有室内回风口，上部设有送风口。安装时室内无须布管，新风进口与排风口由管道通至室外。工作时，风机开启，新风机通过室外新风进口引入新风，新风进入热交换器与室内回风进行热交换，以回收排风的冷 / 热量，热交换后的新风经过过滤器净化后直接送入室内，净化室内空气，而回风经热交换后直接排至室外。产品工作及安装原理图如图 A-26 所示。产品具体参数见表 A-24，内置的 H13 级高效过滤网能够拦截微米级粒子及细菌，净化效率达 99.95% 以上。

图 A-25　霍尔 H601/H602 柜式新风净化机实物图

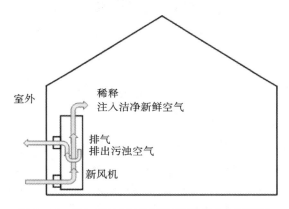

图 A-26　霍尔 H601/H602 柜式新风净化机原理图

表 A-24　霍尔 H601/H602 柜式新风净化机产品参数

产品型号	△ H601/ ▲ H601A	△ H602/ ▲ H602A
款式	△标准款 / ▲智能款	△标准款 / ▲智能款
安装方式	落地式	落地式
新风量	280 m³/h	350 m³/h
排风量	180 m³/h	200 m³/h
净化级别	H13 级	H13 级
净化效率	＞ 99.95%	＞ 99.95%
制热焓交换效率	≥ 60%	≥ 60%
制冷焓交换效率	≥ 55%	≥ 55%
噪声值	≤ 46 dB	≤ 46 dB

续表

产品型号	△ H601/ ▲ H601A	△ H602/ ▲ H602A
额定电压/频率	220 V/50 Hz	220 V/50 Hz
工作功率	55 W	90 W
探测器	PM$_{2.5}$/ ▲ TVOC/ ▲ CO$_2$/温度/湿度	PM$_{2.5}$/ ▲ TVOC/ ▲ CO$_2$/温度/湿度
显示方式	△液晶触控屏/▲真彩 7 英寸电容触控屏	△液晶触控屏/▲真彩 7 英寸电容触控屏
控制方式	智能运行/红外遥控/△触控按键/▲触控/▲手机 APP	智能运行/红外遥控/△触控按键/▲触控/▲手机 APP
适用空间	140 m^3	175 m^3
重量	46 kg	59 kg
外形尺寸	1560 mm×400 mm×363 mm	1660 mm×400 mm×363 mm

A.7 普通单向正压型（无管道壁挂式）

A.7.1 布朗新风产品

这里主要介绍布朗空气循环系统 Breeze R30、布朗窗式新风机 Breeze S100 及布朗经典壁挂式新风机。

1）布朗空气循环系统 Breeze R30

布朗空气循环系统 Breeze R30 外观见图 A-27，外形为圆柱形，直径 195 mm，高 497 mm，可安装于室内，安装时室内无须布管，新风进口由管道通至室外，墙面开孔直径 120 mm。该产品内置风机与两重过滤器，背面设有新风进口，上部设有 360° 环形送风口。工作时，风机通过室外新风进口引入室外新风，经过新风机内置粗效过滤网与 H11 级 HEPA 过滤器过滤后，由环形送风口送入室内，保持室内微正压，清洁室内空气。该产品工作时设有高、中、低三挡，风量最大可达 50 m^3/h，适用于卧室，产品具体参数见表 A-25。

图 A-27 布朗空气循环系统 Breeze R30 实物图

表 A-25　布朗空气循环系统 Breeze R30 产品参数

型号	Breeze R30		
颜色	珍珠白 / 樱花粉 / 天空蓝		
电源	220 V/50 Hz		
运动模式	高速	中速	低速
额定功率 / W	14	10	7
风量 / (m³/h)	50	30	15
净化效率	PM$_{2.5}$ 过滤效率大于 97%		
外形	直径 195 mm，高 497 mm		
重量 /kg	3		
电源线长度 /m	1.5		
外壳材质	ABS		

2）布朗窗式新风机 Breeze S100

布朗窗式新风机 Breeze S100 外观及安装效果如图 A-28 所示，可在窗户玻璃或墙壁上开孔安装。该产品内置风机与布朗环状滤网，背面设有新风进口，侧面设有室内送风口。工作时，风机通过室外新风进口引入室外新风，经过新风机内置过滤器过滤后，由送风口送入室内，保持室内微正压，清洁室内空气。产品具体参数见表 A-26，最大新风量为 100 m³/h，适用于 10 ～ 35 m² 的空间。

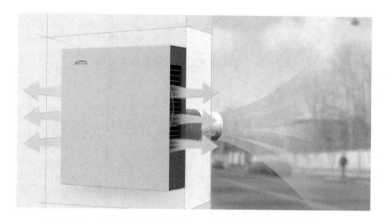

图 A-28　布朗窗式新风机 Breeze S100 外观及安装效果图

表 A-26　布朗窗式新风机 Breeze S100 产品参数

型号	Breeze S100
风量 / (m³/h)	100/60/40/30
过滤效率	95.70%
长 × 宽 × 厚 / (mm×mm×mm)	305×265×144

续表

型号	Breeze S100
电源线长度 /m	1.5
电源	220 V/50 Hz
额定功率 / W	15
最低挡噪声 /dB	23.3
重量 /kg	2

3）布朗经典壁挂式新风机

布朗经典壁挂式新风机包含 BGF-280A 与 BGF-280C 两个型号，产品外观如图 A-29 所示，两款产品均可在墙壁上开孔安装，安装效果如图 A-30 所示。该产品内置风机与 H13 级 HEPA 过滤网，背面设有新风进口，顶部设有室内回风口，两侧及下面设有送风口。工作时，风机通过室外新风进口引入室外新风，室外新风与室内回风混合，混合后的空气经过新风机内置过滤器过滤后，由送风口送入室内，保持室内微正压，清洁室内空气。产品具体参数见表 A-27，额定风量为 205 m³/h，适用于住宅、别墅等居家场景。

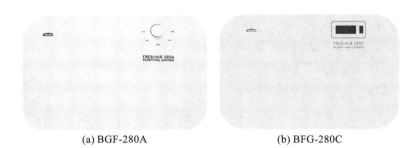

(a) BGF-280A   (b) BFG-280C

图 A-29　布朗经典壁挂式新风机实物图

图 A-30　布朗经典壁挂式新风机安装效果图

表 A-27　布朗经典壁挂式新风机产品参数

型号	BGF-280A				BGF-280C		
颜色	雅白						
电源	220 V/50 Hz						
运行模式	极速	快速	睡眠	间歇	高速	低速	睡眠
适用人数 / 额定功率	7 人	3 人	2 人	1 人	42 W	18 W	10 W
风量 / (m³/h)	205						
净化效率	PM$_{2.5}$ 过滤效率大于 99%						
外形尺寸	550 mm×370 mm×157 mm						
重量 /kg	6.5						
电源线长度 /m	1						
外壳材质	ABS						
间隔模式	间隔时间 30 min						

A.7.2　远大新风产品

这里主要介绍远大单新风肺保。

远大单新风肺保外形如图 A-31 所示，可在墙壁上开孔安装，安装示意图见图 A-32。该产品内置风机与双层过滤器，顶部设有室内送风口，具体结构见图 A-33。工作时，风机通过室外新风进口引入室外新风，经过新风机内置过滤器过滤后，由送风口送入室内，保持室内微正压，清洁室内空气。产品具体参数见表 A-28。风机设有 6 个挡位，最大新风量为 180 m³/h，适用于气候温和地带 20 ~ 40 m² 的单个空间。

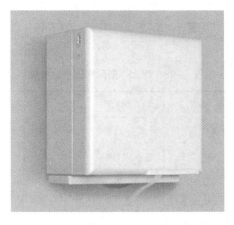

图 A-31　远大单新风肺保实物图

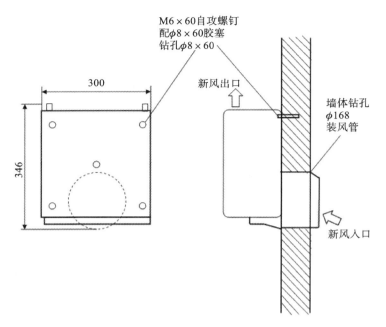

M6×60自攻螺钉
配φ8×60胶塞
钻孔φ8×60

300

346

新风出口

墙体钻孔
φ168
装风管

新风入口

图 A-32　远大单新风肺保安装示意图

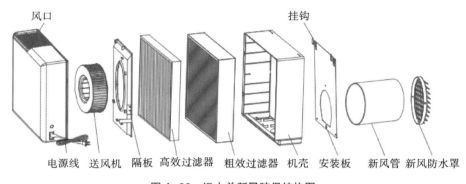

风口

挂钩

电源线　送风机　隔板　高效过滤器　粗效过滤器　机壳　安装板　新风管　新风防水罩

图 A-33　远大单新风肺保结构图

表 A-28　远大单新风肺保产品参数

项目	1 挡	2 挡	3 挡	4 挡	5 挡	6 挡
风量 / (m³/h)	60	80	110	140	160	180
功率 / W	5	6	8	12	15	18
噪声 /dB	26	30	36	40	42	46
电源	AC 220 V					
过滤效率	PM$_{2.5}$ 过滤效率达 99%					

A.8　普通单向负压型（无管道壁挂式）

这里主要介绍布朗厨房空气处理机 BCX-300。

布朗厨房空气处理机 BCX-300 产品外观见图 A-34，可壁挂。该产品内置风机与过滤器，外部设有室内进风口，排风口连接排风管道。安装时室内无须布管，排风由管道通至室外，风管直径 110 mm。工作时，风机通过室内进风口引入厨房的污浊空气，经过内置过滤器过滤后，由排风口与排风管排至室外，功能类似于除油烟机。产品具体参数见表 A-29。

图 A-34　布朗厨房空气处理机 BCX-300 实物图

表 A-29　布朗厨房空气处理机 BCX-300 产品参数

型号	BCX-300
颜色	雅白
电源	220 V/50 Hz
风量 /（m³/h）	278
额定功率 / W	42
外形尺寸 /（mm×mm×mm）	600×276×295
重量 /kg	4.4
外壳材质	ABS
风管尺寸 /mm	$\phi110$

A.9　普通双向无热回收型（无管道壁挂式）

A.9.1　松下新风产品

这里主要介绍松下 $PM_{2.5}$ 净化墙式新风系统。

松下 $PM_{2.5}$ 净化墙式新风系统通过一个 $PM_{2.5}$ 净化墙式新风机与一个墙式排风机组合使用，产品实物如图 A-35 所示，包括一款带 $PM_{2.5}$ 净化功能的新风进气机 FV-06PH02C、两款无净化功能的进气机 FV-10/15PH3C 与两款排风机 FV-10/15PE3C。产品均安装于房间壁面，新风机新风进口通过管道连至室外，排风机排风口同样通过管道连至室外，且墙壁开孔口径小，无须设置室内管道。净化新风机内置过滤器与风机，外部为环形送风口，工作时，风机通过新风进口引进新风，经过滤器净化后送入室内，排风机内置风机，外部设排风口，工作时，风机吸入室内污浊空气，直接经排风管排至室外。产品具体参数见表 A-30，工作时新风机与排风机设有高速与低速两挡，新风量在 30 ~ 60 m³/h，适用于小户型。

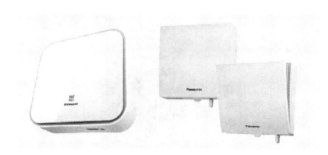

图 A-35　松下 PM₂.₅ 净化墙式新风系统实物图

表 A-30　松下 PM₂.₅ 净化墙式新风系统产品参数

型号	额定电压 / V	额定功率 /Hz	挡位	新风量 / (m³/h)	功率 / W	噪声 /[dB(A)]	能效等级	能效值	净重 /kg
FV-06PHP2C	220	50	高速	60	7.4	36	—	—	3
			低速	30	2.9	25			
FV-10PE3C			—	54	5	35	2 级	0.06	1.1
FV-15PE3C			强	120	8	39	1 级	0.11	1.3
			弱	66	2.8	22			
FV-10PH3C			—	40	3	30	—	—	1.1
FV-15PH3C			强	70	7.5	35	—	—	1.3
			弱	40	2.7	24			

A.9.2　布朗新风产品

这里主要介绍布朗联动型壁挂新风机（多机使用）。

布朗联动型壁挂新风机（多机使用）包含两个型号，均可壁挂安装。该系列新风机（进气）内置风机、过滤器与蜂窝式陶瓷蓄热模块，顶部设有送风口，背面设有新风进口。安装时室内无须布管，新风进口通过管道连接至室外。排风机内置风机，顶部设室内排风口，背部出风口通过排风管连至室外。工作时，新风机（进气）引入室外新风，经过滤器净化、蜂窝式陶瓷蓄热模块加热或冷却后送入室内，排风机则吸入室内污浊空气并排至室外，工作原理见图 A-36。产品具体参数见表 A-31，风机设有高、中、低三挡，新风量在 30 ~ 80 m³/h，多机联动解决了壁挂新风机处理空间受限问题。

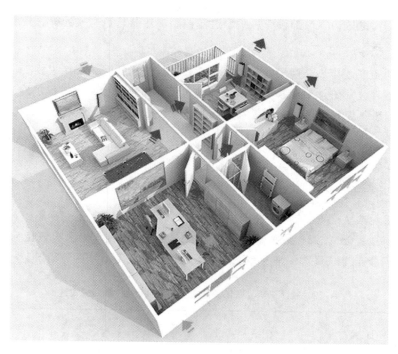

图 A-36　布朗联动型壁挂新风机多机工作原理图

表 A-31　布朗联动型壁挂新风机（多机使用）产品参数

型号	BGF-100/BGF-100E		
运行模式	高速	中速	睡眠
风量 / (m³/h)	80	60	30
额定功率 / W	20	14	9
过滤效率	$PM_{2.5}$ 过滤效率大于 98%		
外形尺寸 / (mm×mm×mm)	678×316×190		
重量 /kg	6.5		
华为智能家具	已接入		
多设备联动	仅适用于 BGF-100E		
蓄能式热交换	仅适用于 BGF-100E		

A.10　普通双向带热回收型（无管道壁挂式）

A.10.1　松下新风产品

这里主要介绍松下 $PM_{2.5}$ 净化壁挂式全热交换器 90 系列。

松下 $PM_{2.5}$ 净化壁挂式全热交换器 90 系列可在墙壁上开孔安装。产品背部设有新风进口与排风口，侧面设有室内回风口，顶部设有室内送风口，内部设有风机、过滤器、加热器与热交换器等。安装时室内无须布管，新风进口与排风口由管道通至室外。

工作时，可根据室外温度选择热交换模式、内循环模式或自动模式。热交换模式下，风机通过室外新风进口引入新风，新风经过滤器净化后进入热交换器与室内回风进行热交换，以回收排风的冷/热量，热交换后的新风经过高效过滤网净化与加热器加热后直接送入室内，净化室内空气，而排风经热交换后直接排至室外。

内循环模式下，通过回风口吸入室内污浊空气，室内污浊空气经过滤器净化送入室内，如此循环净化室内空气。内循环模式可阻隔室外过冷、过热及污染空气。

自动模式，即内循环模式下运行一小时后切换为热交换模式运行十分钟。

各模式的选择及开启见表 A-32。该产品在全热交换模式下可最低对应至 $-30\ ℃$，能够满足寒冷地区对通风换气的需求。产品具体参数见表 A-33，风机运行时设有强、中、弱三挡，最大给气量为 90 m^3/h，最大排气量为 90 m^3/h，可通过调节给气量与排气量比例来控制室内正压，适用于住宅、卧室等场景。

表 A-32 松下 $PM_{2.5}$ 净化壁挂式全热交换器 90 系列模式选择

室外温度范围	运转模式
$-10\sim40\ ℃$	可选择：热交换模式/内循环模式/自动模式
$-20\sim10\ ℃$	可选择：热交换模式/内循环模式/自动模式 当在热交换模式下运转时，加热器会强制开启
$-30\sim20\ ℃$	可选择：热交换模式/内循环模式/自动模式 当在热交换模式下运转时，加热器会强制开启
$<-30\ ℃$	在自动内循环模式下运转

表 A-33 松下 $PM_{2.5}$ 净化壁挂式全热交换器 90 系列产品参数

型号		FV-09ZVDH1C			
运转模式		热交换			内循环
		标准	正压强	正压弱	
电源		220 V/50 Hz			
风量 （强/中/弱）/（m^3/h）	给气	90/50/30	90/50/30	90/50/30	90/50/30
	排气	90/50/30	72/40/24	45/25/15	
噪声（强/中/弱）/[dB(A)]		37/28/22			38/29/23
焓交换效率 （强/中/弱）/（%）	制冷	＞50/55/65	—		
	制热	＞50/60/70	—		
电机热器关闭输入功率（强/中/弱）/（W）		610	—		
净重/kg		13			

A.10.2　布朗新风产品

这里主要介绍布朗壁挂式双向流新风机与布朗大风量壁挂新风机。

1）布朗壁挂式双向流新风机

布朗壁挂式双向流新风机产品外观见图 A-37，包括 BGF-80E 与 BGF-80EP 两个型号，可在室内墙壁上开孔安装。该系列产品内置风机、过滤器、全热交换器，背面设有新风进口与排风口，侧面设有室内回风口，顶部设有室内送风口。工作时，风机开启，新风机通过室外新风进口引入新风，新风进入热交换器与室内回风进行热交换，以回收排风的冷/热量，热交换后的新风经过过滤器净化后直接送入室内，净化室内空气，而回风经热交换后直接排至室外，工作原理见图 A-38。产品具体参数见表 A-34，风机设高、中、低三挡，最大风量为 80 m³/h，适用于卧室、客厅等小空间场景。

图 A-37　布朗壁挂式双向流新风机实物图

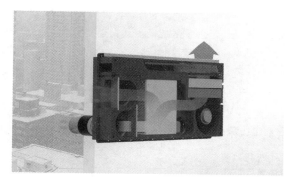

图 A-38　布朗壁挂式双向流新风机工作原理图

表 A-34　布朗壁挂式双向流新风机产品参数

型号	BGF-80E/BGF-80EP（带出风口温度补偿）		
电源	220 V/50 Hz		
运行模式	高速	中速	睡眠
风量 /（m³/h）	80	40	20
额定功率 / W	65（BGF-80E）/1250［BGF-80EP（带出风口温度补偿）］		
过滤效率	PM$_{2.5}$ 过滤效率大于 98%		
外形尺寸 /（mm×mm×mm）	970×512×161.5		
能量回收器类型	全热		
重量 /kg	38［BGF-80EP（带出风口温度补偿）］/37［BGF-80E（带出风口温度补偿）］		

2）布朗大风量壁挂新风机

布朗大风量壁挂新风机产品外观见图 A-39，可在室内墙壁上开孔安装。该产品内置风机、四重过滤器、全热交换器，背面设有新风进口与排风口，顶部设有室内回风口，底部设有室内送风口。工作原理见图 A-40。产品具体参数见表 A-35，风机设高速、低速与间歇三挡，最大风量为 311 m³/h，适用于 100～200 m² 的空间，能够满足住宅、别墅、会议室、办公室等场景的新风需求。

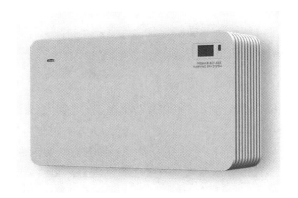

图 A-39　布朗大风量壁挂新风机实物图

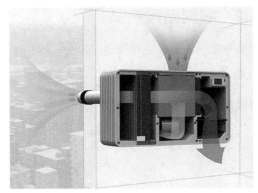

图 A-40　布朗大风量壁挂新风机工作原理图

表 A-35　布朗大风量壁挂新风机产品参数

型号	BGF-400E		
电源	220 V/50 Hz		
运行模式	高速	低速	间歇（间歇时间 30 min）
风量 /（m³/h）	311	200	150
额定功率 / W	270	170	85
过滤效率	PM₂.₅ 过滤效率 ≥ 95%		
重量 /kg	36		
外形尺寸 /（mm×mm×mm）	1000×580×305		

A.10.3　远大新风产品

这里主要介绍远大新风肺保。

远大新风肺保是远大科技集团研发的家用壁挂新风产品，产品外形如图 A-41 所示，可在墙壁上开孔安装。该产品内置风机、过滤器与热交换器，顶部设有室内送风口，底部设有室内回风口，背部设有室外新风进口与排风口。工作时，风机开启，新风机通过室外新风进口引入新风，新风经中、粗效过滤后进入热交换器与室内回风进行热交换，以回收排风的冷 / 热量，热交换后的新风经高效过滤器净化后直接送入室内，净化室内空气，而回风经热交换后直接排至室外。产品具体参数见表 A-36，风机设有 4 个挡位，最大新风量为 100 m³/h，适用于气候温和地带 20 ～ 40 m² 的单个空间。

图 A-41　远大新风肺保实物图

表 A-36 远大新风肺保产品参数

项目	睡眠挡	1 挡	2 挡	3 挡
风量 /（m³/h）	30	50	75	100
功率 / W	5	7	16	30
噪音 /dB	27	32	45	54
电源	220 V/50 Hz			
过滤效率	PM$_{2.5}$ 过滤效率达 99%			
机械尺寸 /（mm×mm×mm）	445×325×230			

A.10.4 霍尔新风产品

这里主要介绍霍尔壁挂式新风净化机。

霍尔壁挂式新风净化机包含六个型号，产品外观见图 A-42。该系列产品均可在室内墙壁上开孔安装。各型号产品均内置风机、过滤器与全热交换器等，背面设有新风进口与排风口，底部设有室内回风口，顶部设有室内送风口。安装时室内无须布管，新风进口与排风口由管道通至室外。工作时，风机开启，新风机通过室外新风进口引入新风，新风进入热交换器与室内回风进行热交换，以回收排风的冷 / 热量，热交换后的新风经过过滤器净化后直接送入室内，净化室内空气，而回风经热交换后直接排至室外，工作原理见图 A-43。产品具体参数见表 A-37，各型号产品均内置 H13 级高效滤网，能够拦截微米级粒子及细菌，净化效率在 99.95% 以上。该系列产品中 H501、H503、H506、HW280 与 HD280 的新风量为 150 m³/h，排风量为 130 m³/h；H201 的新风量为 90 m³/h，排风量为 60 m³/h。该系列产品可维持室内微正压环境，适用于住宅、会议室与办公室等场景。

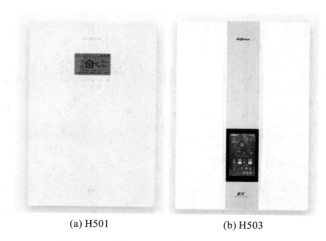

(a) H501   (b) H503

图 A-42 霍尔壁挂式新风净化机实物图

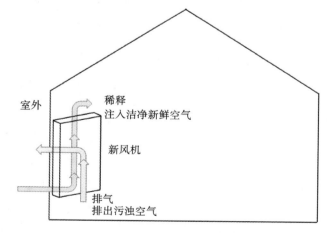

室外

稀释
注入洁净新鲜空气

新风机

排气
排出污浊空气

图 A-43 霍尔壁挂式新风净化机工作原理图

表 A-37　霍尔壁挂式新风净化机产品参数

产品型号	H501	H503	H506	HW280	H201	HD280
安装方式	壁挂式	壁挂式	壁挂式	壁挂式	壁挂式	壁挂式
新风量	150 m³/h	150 m³/h	150 m³/h	150 m³/h	90 m³/h	150 m³/h
排风量	130 m³/h	130 m³/h	130 m³/h	130 m³/h	60 m³/h	130 m³/h
净化级别	H13 级	H13 级	H13 级	H13 级	H13 级	H13 级
净化效率	＞ 99.95%	＞ 99.95%	＞ 99.95%	＞ 99.95%	＞ 99.95%	＞ 99.95%
热交换效率	≤ 75%	≤ 75%	≤ 75%	≤ 75%	≤ 75%	≤ 75%
噪声值	≤ 53 dB	≤ 53 dB	≤ 53 dB	≤ 53 dB	≤ 50 dB	≤ 53 dB
额定电压 / 频率	220 V/50 Hz	220 V/50 Hz	220 V/50 Hz	220 V/50 Hz	220 V/50 Hz	220 V/50 Hz
工作功率	56 W	56 W	56 W	56 W	35 W	56 W
探测器	PM₂.₅/温度/湿度	PM₂.₅/TVOC/温度/湿度	PM₂.₅/TVOC/CO₂/温度/湿度	PM₂.₅/温度/湿度	PM₂.₅/温度/湿度	PM₂.₅/温度/湿度
显示方式	—	真彩 7 英寸电容触控屏	真彩 10 英寸电容触控屏	—	—	—
控制方式	智能运行/触控按键/红外遥控	智能运行/触控/红外遥控/手机 APP	智能运行/触控/红外遥控/手机 APP	智能运行/触控按键/红外遥控	智能运行/触控按键/红外遥控	智能运行/触控按键/红外遥控/手机 APP
适用空间	60 m³	60 m³	60 m³	60 m³	45 m³	60 m³
重量	10 kg	10 kg	10 kg	10 kg	8.5 kg	10 kg
外形尺寸 /（mm×mm×mm）	660×455×136	660×455×148	660×455×162	660×450×120	380×155×520	660×450×165